夏休みドリル

これだけは! 4年生の

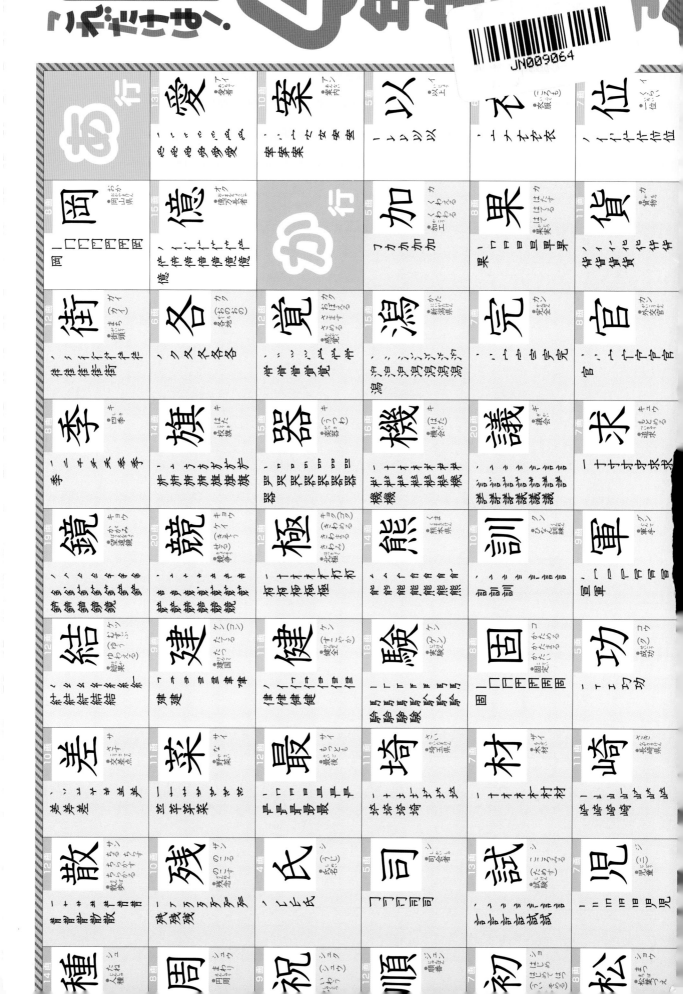

あ行

愛 13画 アイ ●愛着《あいちゃく》

案 10画 アン ●案内《あんない》

以 5画 イ ●以上《いじょう》

衣 6画 イ (ころも) ●衣服《いふく》

位 7画 イ くらい ●一位《いちい》

岡 8画 おか ●岡山県《おかやまけん》

億 15画 オク ●億万長者《おくまんちょうじゃ》

か行

加 5画 カ くわえる くわわる ●加工《かこう》

果 8画 カ はたす はてる はて ●果実《かじつ》

貨 11画 カ ●貨物《かもつ》

街 12画 ガイ (カイ) まち ●街頭《がいとう》

各 6画 カク (おのおの) ●各地《かくち》

覚 12画 カク おぼえる さます さめる ●感覚《かんかく》

潟 15画 かた ●新潟県《にいがたけん》

完 7画 カン ●完全《かんぜん》

官 8画 カン ●外交官《がいこうかん》

季 8画 キ ●四季《しき》

旗 14画 キ はた ●校旗《こうき》

器 15画 キ (うつわ) ●楽器《がっき》

機 16画 キ (はた) ●機会《きかい》

議 20画 ギ ●議会《ぎかい》

求 7画 キュウ もとめる ●追求《ついきゅう》

鏡 19画 キョウ かがみ ●望遠鏡《ぼうえんきょう》

競 20画 キョウ ケイ (きそう せる) ●競争《きょうそう》

極 12画 キョク(ゴク) (きわめる きわまる きわみ) ●北極《ほっきょく》

熊 14画 くま ●熊本県《くまもとけん》

訓 10画 クン ●ひなん訓練《くんれん》

軍 9画 グン ●軍手《ぐんて》

結 12画 ケツ むすぶ (ゆう ゆわえる) ●結果《けっか》

建 9画 ケン(コン) たてる たつ ●建国《けんこく》

健 11画 ケン (すこやか) ●健全《けんぜん》

験 18画 ケン (ゲン) ●実験《じっけん》

固 8画 コ かためる かたまる かたい ●固定《こてい》

功 5画 コウ (ク) ●成功《せいこう》

差 10画 サ さす ●交差点《こうさてん》

菜 11画 サイ な ●野菜《やさい》

最 12画 サイ もっとも ●最後《さいご》

埼 11画 さい ●埼玉県《さいたまけん》

材 7画 ザイ ●木材《もくざい》

崎 11画 さき ●長崎県《ながさきけん》

散 12画 サン ちる ちらす ちらかす ちらかる ●散歩《さんぽ》

残 10画 ザン のこる のこす ●残念《ざんねん》

氏 4画 シ (うじ) ●氏名《しめい》

司 5画 シ ●司会者《しかいしゃ》

試 13画 シ こころみる (ためす) ●試験《しけん》

児 7画 ジ (ニ) ●児童《じどう》

種 14画 シュ たね ●人種《じんしゅ》

周 8画 シュウ まわり ●円周《えんしゅう》

祝 9画 シュク (シュウ) いわう

順 12画 ジュン ●順番《じゅんばん》

初 7画 ショ はじめ はじめて はつ (うい そめる)

松 8画 ショウ まつ ●松葉《まつば》づえ

漢字練習表（た行〜ら行）

※上段は各欄の筆順（書き順）を示す。左端の丸囲み文字は行の区切りを表す。

漢字	画数	読み	用例
臣	7画	シン・ジン	大臣（ダイジン）
信	9画	シン	信号（シンゴウ）
井	4画	（セイ・ショウ）い	福井県
成	6画	セイ・（ジョウ）なる・なす	成長
省	9画	セイ・ショウ はぶく・かえりみる	反省
清	11画	セイ・（ショウ）きよい・きよまる・きよめる	清書
浅	9画	セン あさい	浅川
戦	13画	セン いくさ・たたかう	合戦・作戦
選	15画	セン えらぶ	選手
然	12画	ゼン・ネン	自然
争	6画	ソウ あらそう	戦争
倉	10画	ソウ くら	倉庫
た行			
帯	10画	タイ おびる・おび	熱帯
隊	12画	タイ	隊員
達	12画	タツ	配達
単	9画	タン	単語
置	13画	チ おく	位置
典	8画	テン	辞典
伝	6画	デン つたわる・つたえる・つたう	伝記
徒	10画	ト	生徒
努	7画	ド つとめる	努力
灯	6画	トウ ひ	灯台
働	13画	ドウ はたらく	働き者
熱	15画	ネツ あつい	熱中症
念	8画	ネン	記念
は行			
敗	11画	ハイ やぶれる	勝敗
梅	10画	バイ うめ	梅干し
博	12画	ハク・（バク）	博物館
不	4画	フ・ブ	不思議
夫	4画	フ・（フウ）おっと	夫人
付	5画	フ つける・つく	付近
府	8画	フ	都道府県
阜	8画	（フ）	岐阜県
富	12画	フ・（フウ）とむ・とみ	富山県
包	5画	ホウ つつむ	包帯
法	8画	ホウ・（ハッ）（ホッ）	方法
望	11画	ボウ・（モウ）のぞむ	望遠鏡・希望
牧	8画	ボク まき	牧場
ま行			
末	5画	マツ・（バツ）すえ	学期末
要	9画	ヨウ いる・かなめ	重要
養	15画	ヨウ やしなう	養分
浴	10画	ヨク あびる・あびせる	入浴・日光浴
や行			
利	7画	リ きく	利用
陸	11画	リク	大陸・陸上
輪	15画	リン わ	車輪
類	18画	ルイ たぐい	類い
令	5画	レイ	命令・令和
冷	7画	レイ つめたい・ひえる・ひや・ひやす・ひやかす・さめる・さます	冷水
例	8画	レイ たとえる	例題
連	10画	レン つらなる・つらねる・つれる	関連

202字

■漢字の下にあるのは読み方で、かたかなは音読み、ひらがなは訓《くん》読みです。赤い字は送りがなです。
■（ ）は、小学校では習わない読み方です。
■●は、使い方の例《れい》です。
■漢字は、音読み（音のない字は訓《くん》読み）の順番《じゅんばん》でならんでいます。使い方の例《れい》といっしょに覚えましょう。

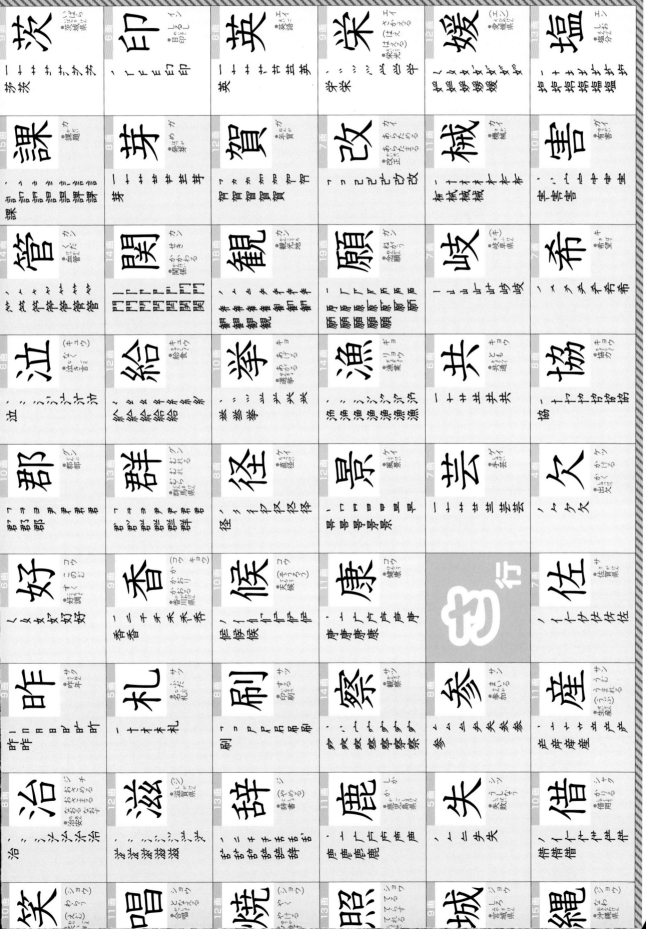

茨 9画
いばら
●茨城県《いばらきけん》

印 6画
イン
しるし
●目印《めじるし》

英 8画
エイ
●英語《えいご》

栄 9画
エイ
さかえる
(はえ
はえる)
●栄光《えいこう》

媛 12画
(エン)
●愛媛県《えひめけん》

塩 13画
エン
しお
●塩分《えんぶん》

課 15画
カ
●課題《かだい》

芽 8画
ガ
め
●発芽《はつが》

賀 12画
ガ
●年賀《ねんが》

改 7画
カイ
あらためる
あらたまる
●改正《かいせい》

械 11画
カイ
●機械《きかい》

害 10画
ガイ
●有害《ゆうがい》

管 14画
カン
くだ
●血管《けっかん》

関 14画
カン
せき
かかわる
●関係《かんけい》

観 18画
カン
●観光地《かんこうち》

願 19画
ガン
ねがう
●念願《ねんがん》

岐 7画
(キ)
●岐阜県《ぎふけん》

希 7画
キ
●希望《きぼう》

泣 8画
(キュウ)
なく
●泣き言《なきごと》

給 12画
キュウ
●給食《きゅうしょく》

挙 10画
キョ
あげる
あがる
●選挙《せんきょ》

漁 14画
ギョ
リョウ
●漁業《ぎょぎょう》

共 6画
キョウ
とも
●共通《きょうつう》

協 8画
キョウ
●協力《きょうりょく》

郡 10画
グン
●郡部《ぐんぶ》

群 13画
グン
むれる
むれ
むら
●群馬県《ぐんまけん》

径 8画
ケイ
●直径《ちょっけい》

景 12画
ケイ
●風景《ふうけい》

芸 7画
ゲイ
●手芸《しゅげい》

欠 4画
ケツ
かける
かく
●出欠《しゅっけつ》

好 6画
コウ
このむ
すく
●好調《こうちょう》

香 9画
(コウ キョウ)
か
かおり
かおる
●香川県《かがわけん》

候 10画
コウ
(そうろう)
●天候《てんこう》

康 11画
コウ
●健康《けんこう》

さ行

佐 7画
サ
●佐賀県《さがけん》

昨 9画
サク
●昨年《さくねん》

札 5画
サツ
ふだ
●名札《なふだ》

刷 8画
サツ
する
●印刷《いんさつ》

察 14画
サツ
●観察《かんさつ》

参 8画
サン
まいる
●参加《さんか》

産 11画
サン
うむ
うまれる
(うぶ)
●生産《せいさん》

治 8画
ジ チ
おさめる
おさまる
なおる なおす
●治安《ちあん》

滋 12画
(ジ)
●滋賀県《しがけん》

辞 13画
ジ
(やめる)
●辞書《じしょ》

鹿 11画
しか
か
●鹿児島県《かごしまけん》

失 5画
シツ
うしなう
●失敗《しっぱい》

借 10画
シャク
かりる
●借用《しゃくよう》

笑 10画
(ショウ)
わらう
(えむ)
●笑い声《わらいごえ》

唱 11画
ショウ
となえる
●合唱《がっしょう》

焼 12画
(ショウ)
やく
やける

照 13画
ショウ
てる
てらす
てれる

城 9画
ジョウ
しろ
●宮城県《みやぎけん》

縄 15画
(ジョウ)
なわ
●沖縄県《おきなわけん》

静 14画 セイ(ジョウ) しず しずか しずまる しずめる ●静止《せいし》

席 10画 セキ ●客席《きゃくせき》

積 16画 セキ つむ つもる ●面積《めんせき》

折 7画 セツ おる おり おれる ●折《お》り紙《がみ》

節 13画 セツ(セチ) ふし ●節電《せつでん》

説 14画 セツ(ゼイ) とく ●説明《せつめい》

巣 11画 (ソウ) す ●巣箱《すばこ》

束 7画 ソク たば ●花束《はなたば》

側 11画 ソク がわ ●側面《そくめん》

続 13画 ゾク つづく つづける ●連続《れんぞく》

卒 8画 ソツ ●卒業《そつぎょう》

孫 10画 ソン まご ●子孫《しそん》

仲 6画 (チュウ) なか ●仲間《なかま》

沖 7画 (チュウ) おき ●沖縄県《おきなわけん》

兆 6画 チョウ (きざす) (きざし) ●一兆円《いっちょうえん》

低 7画 テイ ひくい ひくめる ひくまる ●高低《こうてい》

底 8画 テイ そこ ●底辺《ていへん》

的 8画 テキ まと ●目的《もくてき》

特 10画 トク ●特別《とくべつ》

徳 14画 トク ●徳島県《とくしまけん》

栃 9画 とち ●栃木県《とちぎけん》

な行

奈 8画 ナ ●奈良県《ならけん》

梨 11画 なし ●山梨県《やまなしけん》

阪 7画 (ハン) ●大阪府《おおさかふ》

飯 12画 ハン めし ●赤飯《せきはん》

飛 9画 ヒ とぶ とばす ●飛行機《ひこうき》

必 5画 ヒツ かならず ●必死《ひっし》

票 11画 ヒョウ ●投票《とうひょう》

標 15画 ヒョウ ●目標《もくひょう》

副 11画 フク ●副委員長《ふくいいんちょう》

兵 7画 ヘイ ヒョウ ●兵隊《へいたい》

別 7画 ベツ わかれる ●区別《くべつ》

辺 5画 ヘン あたり べ ●海辺《うみべ》

変 9画 ヘン かわる かえる ●変化《へんか》

便 9画 ベン ビン たより ●便利《べんり》

満 12画 マン みちる みたす ●満点《まんてん》

未 5画 ミ ●未来《みらい》

民 5画 ミン (たみ) ●民族《みんぞく》

無 12画 ム ブ ない ●無理《むり》

約 9画 ヤク ●約束《やくそく》

勇 9画 ユウ いさむ ●勇気《ゆうき》

良 7画 リョウ よい ●良心《りょうしん》

料 10画 リョウ ●料理《りょうり》

量 12画 リョウ はかる ●大量《たいりょう》

老 6画 ロウ おいる (ふける) ●老人《ろうじん》

労 7画 ロウ ●苦労《くろう》

録 16画 ロク ●記録《きろく》

夏休《なつやす》み おやくだち シール

▼ドリルをやったらはろう！（あまったシールは自由《じゆう》に使《つか》ってね。）

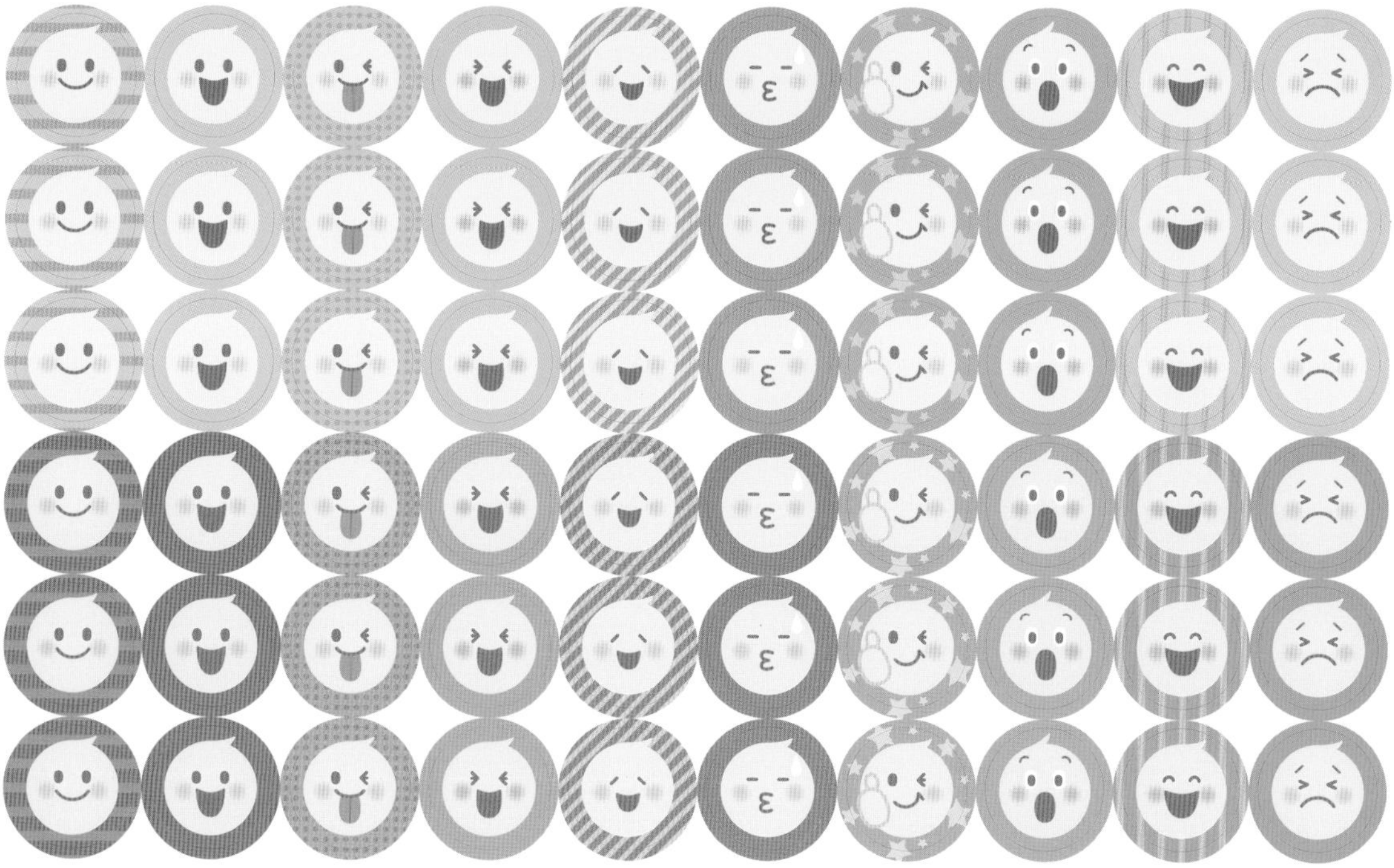

▼手帳《てちょう》やカレンダーにはって使《つか》おう！

じゅく・習《なら》い事《ごと》

宿題《しゅくだい》・勉強《べんきょう》

友《とも》だちと遊《あそ》ぶ

海《うみ》・プール

お祭《まつ》り・花火《はなび》

旅行《りょこう》・外出《がいしゅつ》

大事《だいじ》な予定《よてい》

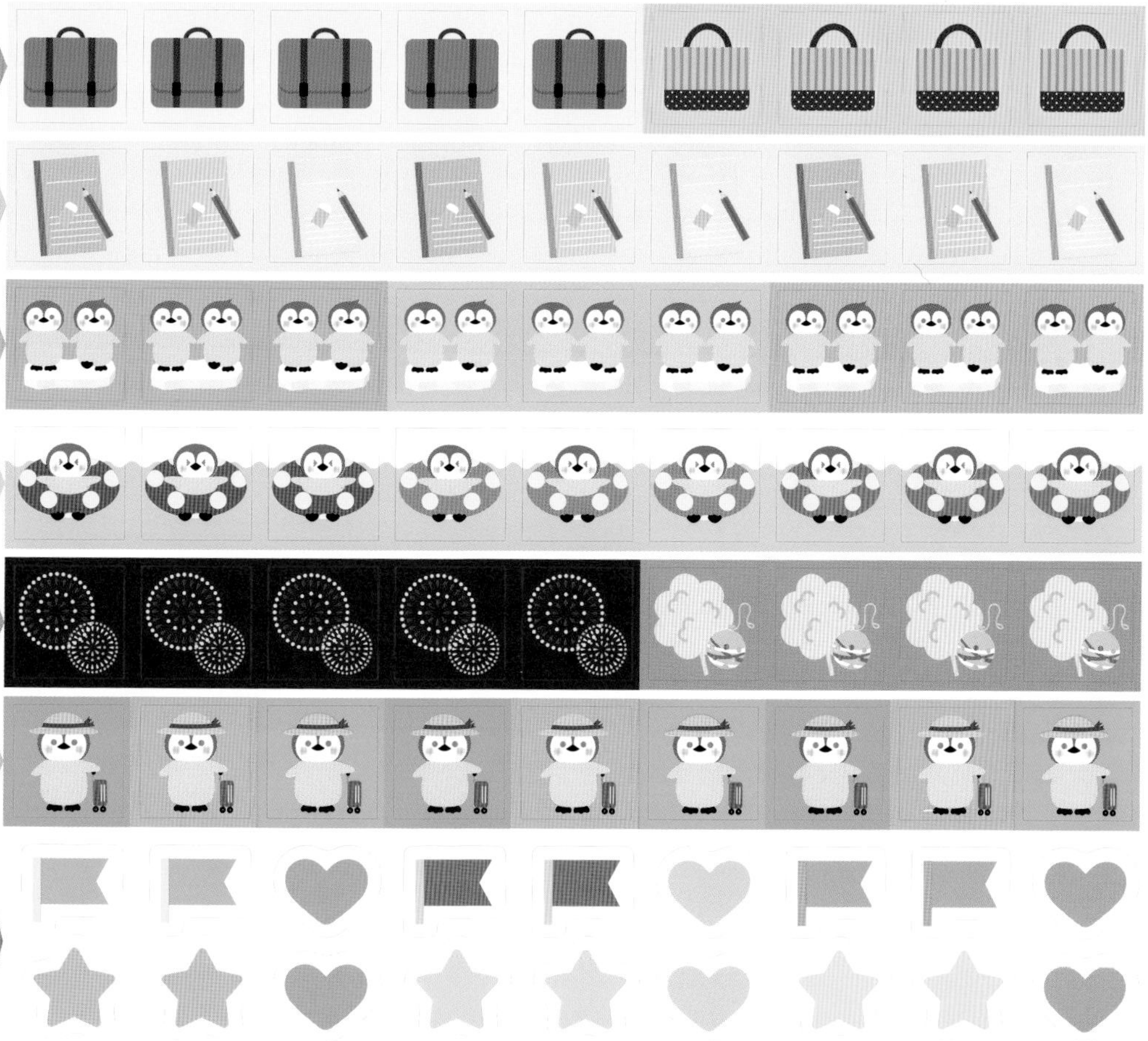

夏休みドリル

算数

小学４年

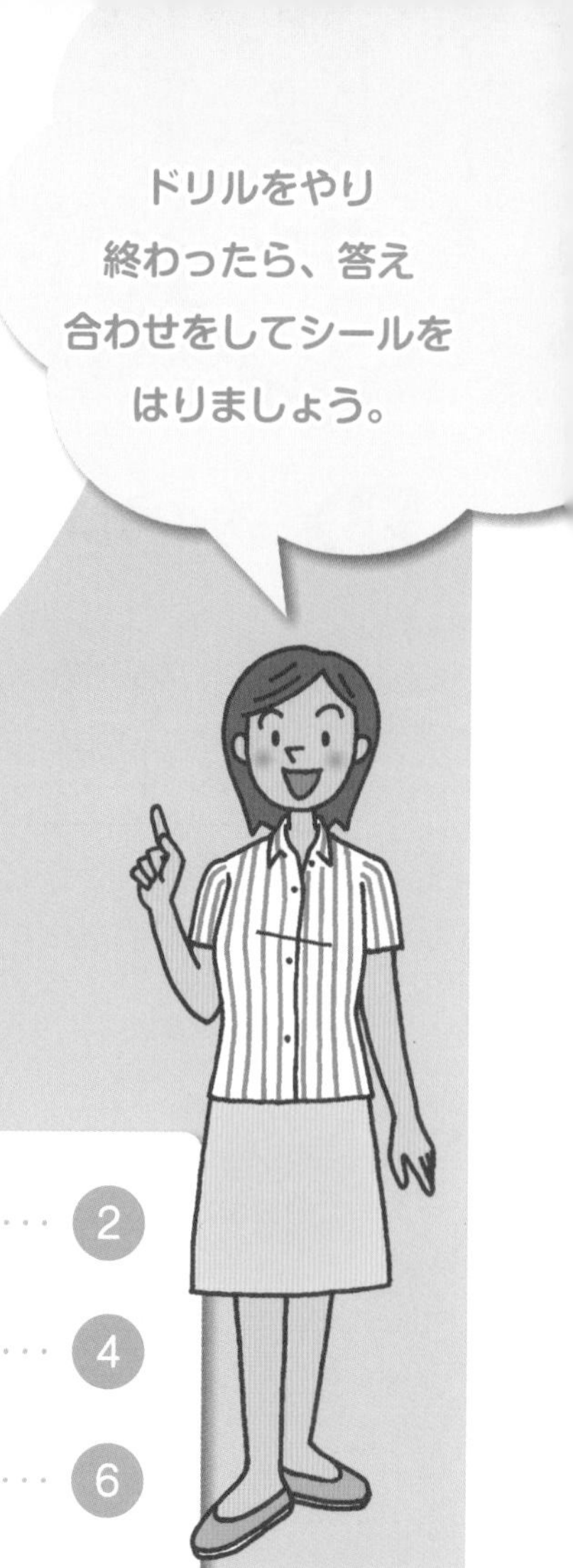
ドリルをやり終わったら、答え合わせをしてシールをはりましょう。

目次

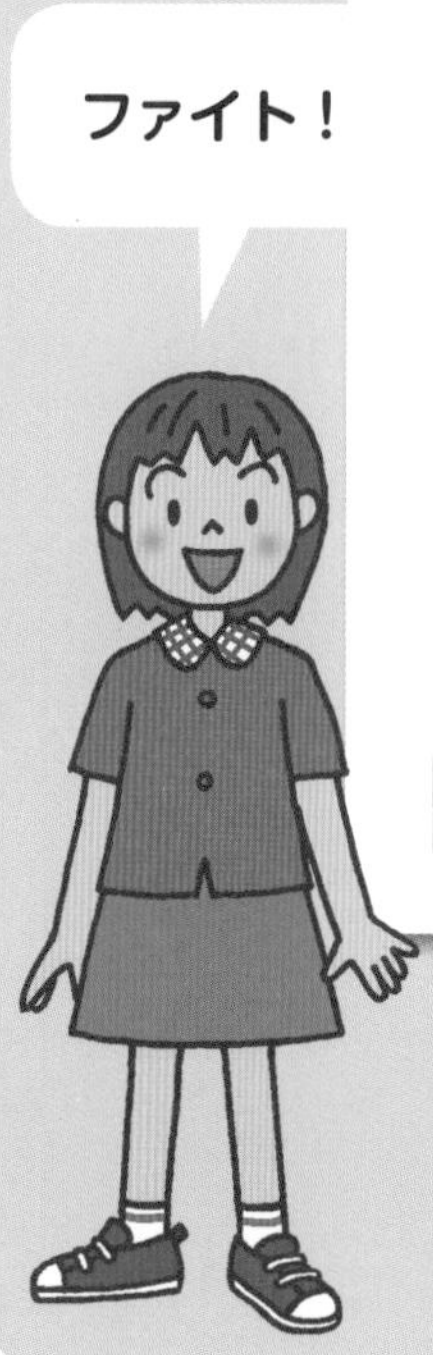
ファイト！

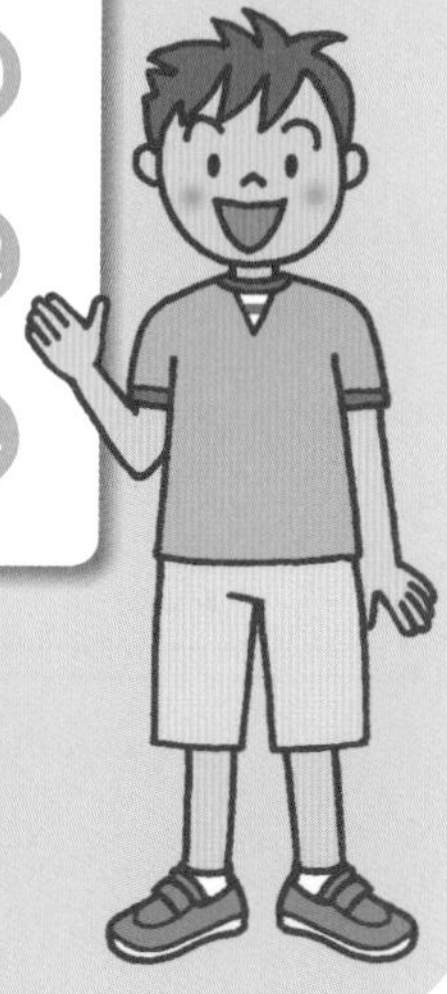

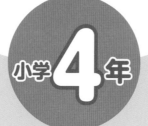

月　　日

3年生のふく習

1 次の計算を、筆算でしましょう。　1つ3点→18点

① 81×15

② 33×48

③ 29×62

④ 605×45

⑤ 280×49

⑥ 802×15

2 1こ140円のチョコレートをクラス38人分買います。チョコレートの代金は全部で何円ですか。　式4点、筆算4点、答え4点→12点

式

答え（　　　　　　）

筆算

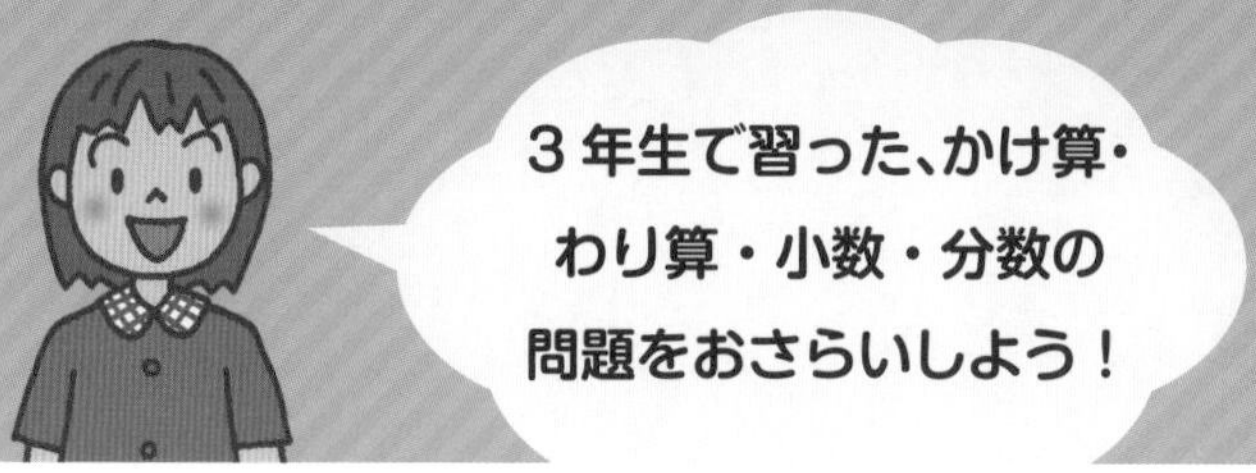

とく点

点

シール

3 次の計算をしましょう。⑤と⑥は、あまりも出しましょう。

1つ4点→24点

① 54 ÷ 9 =

② 36 ÷ 4 =

③ 28 ÷ 7 =

④ 25 ÷ 5 =

⑤ 49 ÷ 8 =

⑥ 28 ÷ 3 =

4 次の水のかさは何Lですか。□に小数で、（　）に分数で、合う数を書きましょう。

1つ4点→16点

①

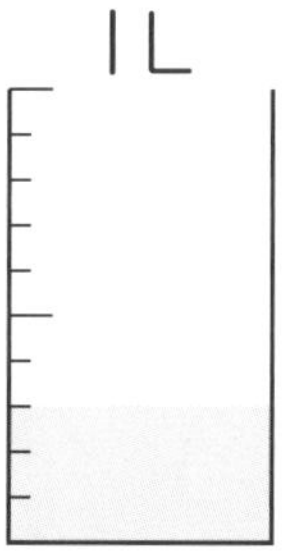

□.□ L、（　　）L

②

□.□ L、（　　）L

5 次の計算をしましょう。

1つ5点→30点

① $\frac{2}{5}+\frac{1}{5}=$

② $\frac{3}{8}+\frac{2}{8}=$

③ $\frac{2}{6}+\frac{3}{6}=$

④ $\frac{8}{9}-\frac{7}{9}=$

⑤ $1-\frac{1}{5}=$

⑥ $1-\frac{3}{7}=$

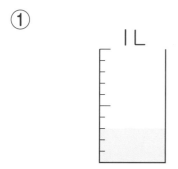

月　　日

大きな数

1 □に合う不等号《ふとうごう》を書きましょう。

1つ5点→20点

① 4800万 □ 4900万　　② 2億《おく》 □ 8900万

③ 7800億《おく》 □ 8000億《おく》　　④ 9500億《おく》 □ 1兆《ちょう》

2 次の数を数字で書きましょう。

1つ8点→16点

① 五千三百八十一万六千二百十一

(　　　　　　　　　　)

② 一億《おく》二百四十五万七十

(　　　　　　　　　　)

3 次の数を漢字で書きましょう。

1つ9点→18点

① 7143216872

(　　　　　　　　　　　　　　　　)

② 115083417700

(　　　　　　　　　　　　　　　　)

とく点　　　点

シール

4 次の□にあてはまる数を書きましょう。

1つ2点→6点

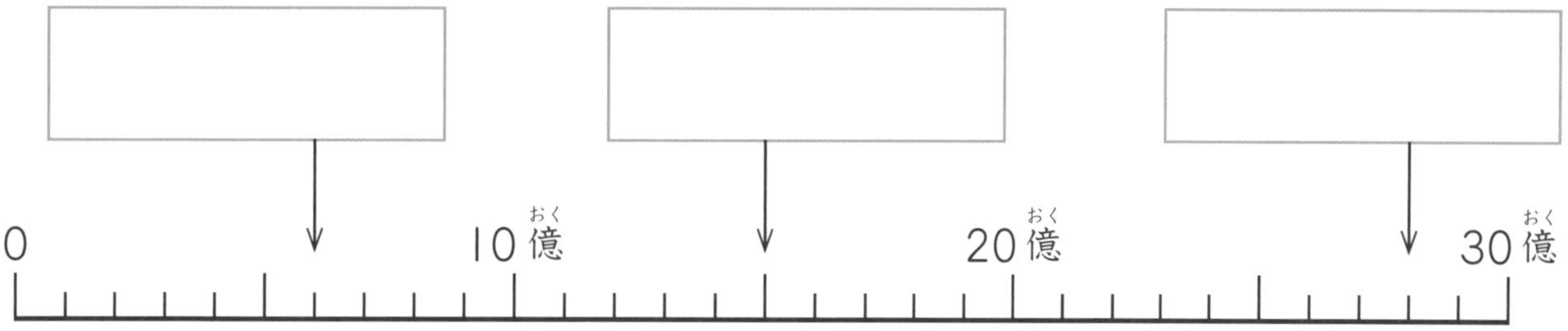

5 次の数を10倍にした数を書きましょう。

1つ4点→24点

① 7億《おく》
(　　　　　　)

② 5兆《ちょう》
(　　　　　　)

③ 30兆《ちょう》
(　　　　　　)

④ 950億《おく》
(　　　　　　)

⑤ 9500億《おく》
(　　　　　　)

⑥ 71兆《ちょう》
(　　　　　　)

6 次の数を10でわった数を書きましょう。

1つ4点→16点

① 4000億《おく》
(　　　　　　)

② 940兆《ちょう》
(　　　　　　)

③ 6兆《ちょう》
(　　　　　　)

④ 8530億《おく》
(　　　　　　)

算数 3

月　　日

わり算（1）

1 次の計算を、筆算でしましょう。

1つ4点→32点

① 3)36

② 5)80

③ 4)48

④ 3)51

⑤ 9)90

⑥ 2)54

⑦ 4)84

⑧ 2)70

2 メダカが75ひきいます。3つの水そうに同じ数ずつ分けると、1つの水そうは何ひきになりますか。

式6点、筆算6点、答え6点→18点

式

答え（　　　　　　）

筆算

とく点　　点

シール

3 次の計算を、筆算でしましょう。

1つ4点→32点

① $2\overline{)442}$

② $3\overline{)933}$

③ $5\overline{)520}$

④ $6\overline{)846}$

⑤ $9\overline{)180}$

⑥ $4\overline{)760}$

⑦ $3\overline{)522}$

⑧ $4\overline{)816}$

4 ノートを 7 さつ買ったら、770 円でした。ノート 1 さつのねだんは何円ですか。

式6点、筆算6点、答え6点→18点

筆算

式

答え（　　　　　　）

月　日

わり算（2）

1 次の計算を筆算でして、あまりも出しましょう。　1つ4点→32点

① 3)19

② 6)80

③ 2)43

④ 4)89

⑤ 2)91

⑥ 5)88

⑦ 3)38

⑧ 6)70

2 50本のえんぴつを、4人で同じ数ずつ分けます。えんぴつは1人何本になりますか。また、何本あまりますか。

式6点、筆算6点、答え6点→18点

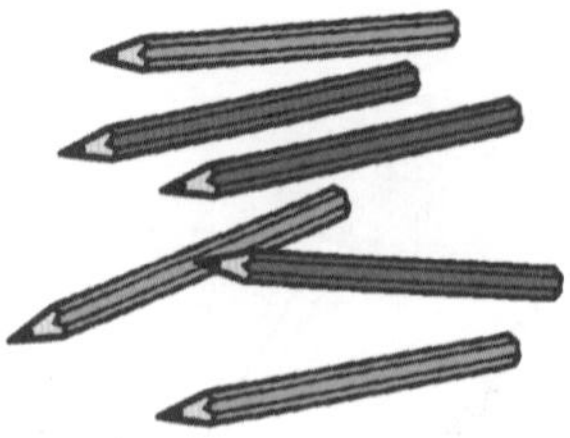

筆算

式

答え（　　　　　　）

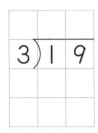

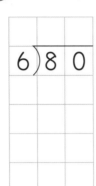

とく点

点

シール

3 次の計算を筆算でして、あまりも出しましょう。 1つ5点→30点

① 3)3 4 4

② 2)7 0 3

③ 5)5 2 1

④ 4)7 3 0

⑤ 2)8 1 1

⑥ 7)4 0 0

4 651まいのカードを、5人で同じ数ずつ分けます。カードは1人何まいになりますか。また、何まいあまりますか。

式7点、筆算6点、答え7点→20点

筆算

式

答え（　　　　　　　　　　）

算数

月　　日

5 わり算（3）

1 次の計算をしましょう。

1つ4点→8点

① 80 ÷ 40 ＝　　　② 90 ÷ 30 ＝

2 次の計算を、筆算でしましょう。⑤と⑥はあまりも出しましょう。

1つ4点→24点

① 22)88　　　② 31)93　　　③ 16)48

④ 14)84　　　⑤ 32)99　　　⑥ 12)98

3 96円持《も》っています。1こ16円のガムは何こ買えますか。

式6点、筆算6点、答え6点→18点

筆算

式

答え（　　　　　　）

わる数が２けたの
わり算の問題に
チャレンジしよう！

とく点　　　点

シール

4 次の計算をしましょう。

1つ4点→8点

① 600 ÷ 20 =　　　② 950 ÷ 50 =

5 次の計算を、筆算でしましょう。⑤と⑥はあまりも出しましょう。

1つ4点→24点

① 12)372　　　② 13)572　　　③ 19)684

④ 21)483　　　⑤ 34)750　　　⑥ 12)295

6 クッキーが365こあります。14こずつふくろにつめると、何ふくろできますか。また、クッキーは何こあまりますか。

式6点、筆算6点、答え6点→18点

式

答え（　　　　　　　　　　　　）

筆算

算数 6

月　日

折《お》れ線グラフと表

1 下の折《お》れ線グラフを見て答えましょう。　1つ6点→24点

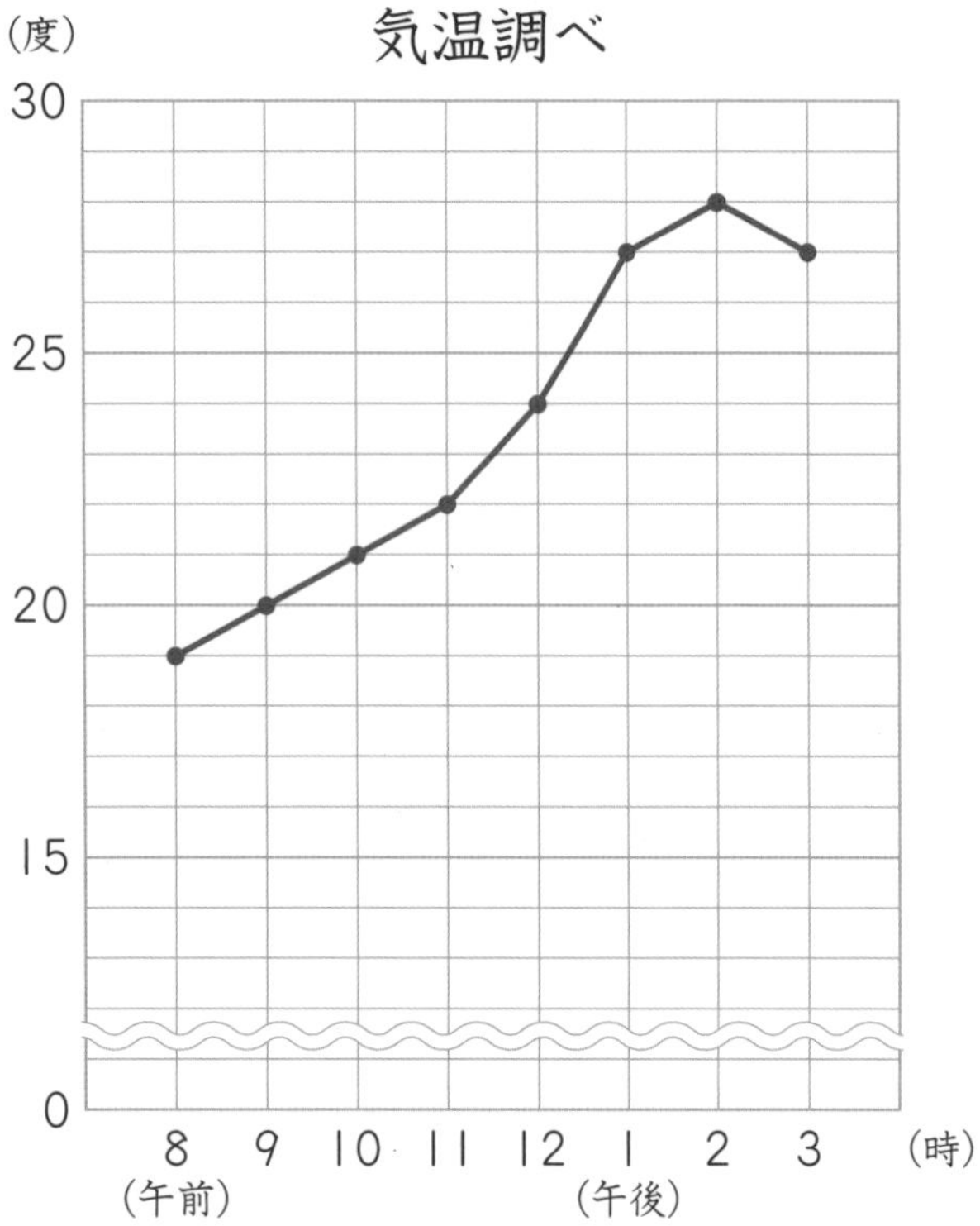

① たてじくと横じくは、それぞれ何を表していますか。

たてじく…（　　　　）

横じく……（　　　　）

② 気温がいちばん高いのは何時で、それは何度でしたか。

（　　　　時）で、（　　　度）。

左のグラフの 〰〰 は、めもりの一部分を省《はぶ》いているんだよね！

2 下の表を見て答えましょう。　1つ6点→30点

好《す》きな給食《きゅうしょく》　学年別《べつ》調べ（人）

学年＼給食《きゅうしょく》	カレー	うどん	あげパン	合計
6年	20	18	20	58
5年	15	13	36	64
4年	31	18	11	㋐
3年	25	12	18	55
2年	28	27	7	62
1年	20	32	9	61
合計	139	120	101	㋑

① いちばん人気の給食《きゅうしょく》は何ですか。

（　　　　）

② 2年生でうどんが好《す》きなのは何人ですか。

（　　　　）

③ ㋐に合う数を表に書きましょう。

④ ㋑に合う数を表に書きましょう。

また、㋑の数は何を表していますか。

（　　　　）

折《お》れ線グラフと
表の、読み方やかき方の
問題に答えましょう！

とく点　　点

シール

3 下の表は、パン屋の来客数を、２時間ごとに調べたものです。

パン屋の来客数調べ

時こく(時)	午前 9	11	午後 1	3	5	7	9
来客数(人)	16	22	26	33	28	25	20

① 右の㋐にあてはまる言葉は何ですか。　6点

（　　　　）

② 折《お》れ線グラフのたてじくと横じくは、それぞれ何を表していますか。　1つ6点→12点

たてじく…（　　　　）

横じく……（　　　　）

③ 表を見ながら、パン屋の来客数の変《か》わり方を、折《お》れ線グラフに表しましょう。　16点

パン屋の（　㋐　）

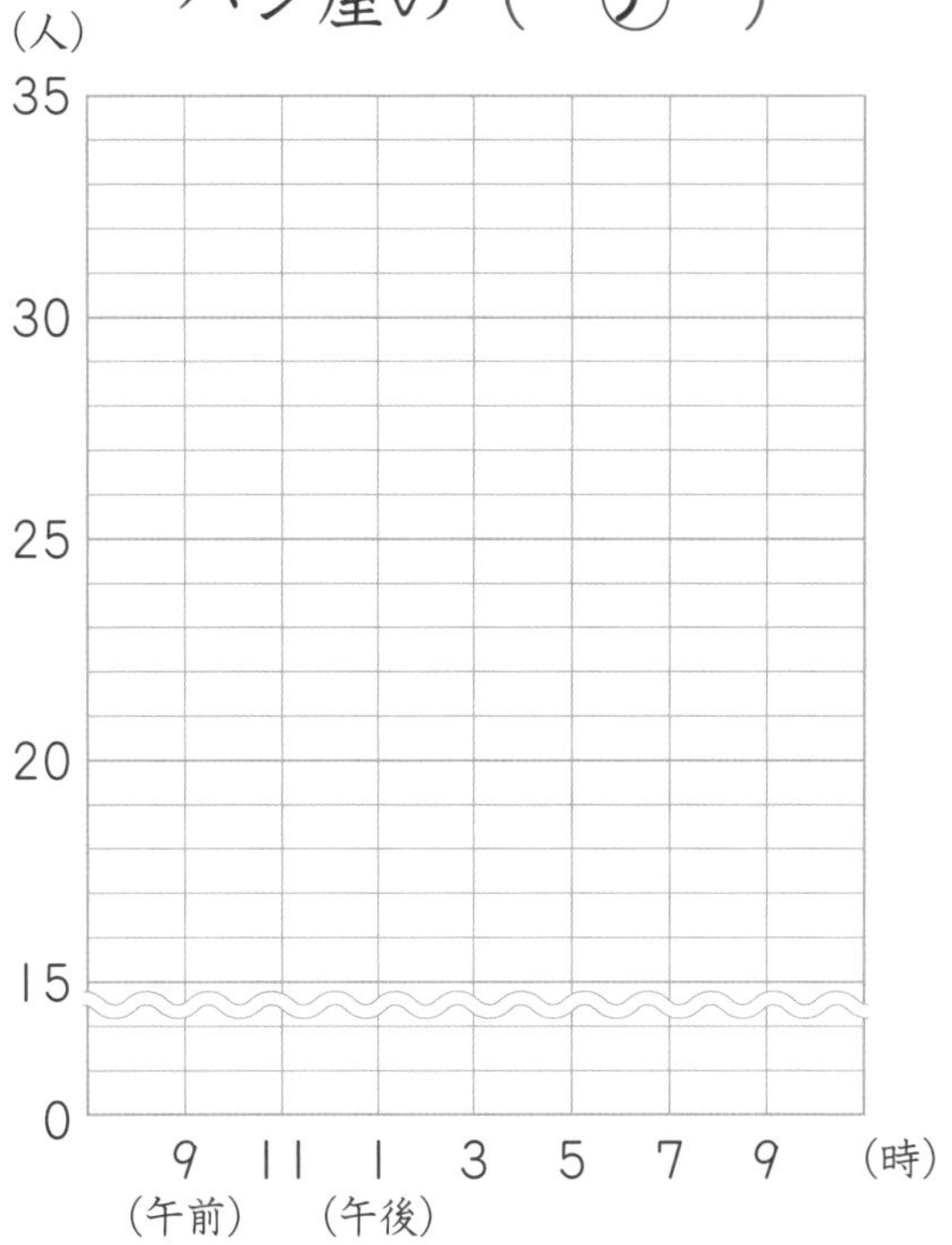

4 下の表は、りおさんのクラスで、トマトとピーマンが好《す》きかきらいかを調べてまとめたものです。　1つ6点→12点

野菜《やさい》の好《す》ききらい調べ　(人)

		ピーマン		合計
		好《す》き	きらい	
トマト	好《す》き	13	5	18
	きらい	3	17	20
合計		16	22	38

① トマトが好《す》きでピーマンがきらいな人は何人ですか。

（　　　　）

② りおさんのクラスは全部で何人ですか。

（　　　　）

算数 7

月　　日

角の大きさ

1 次の角の大きさは、それぞれ何度ですか。

1つ5点→30点

①

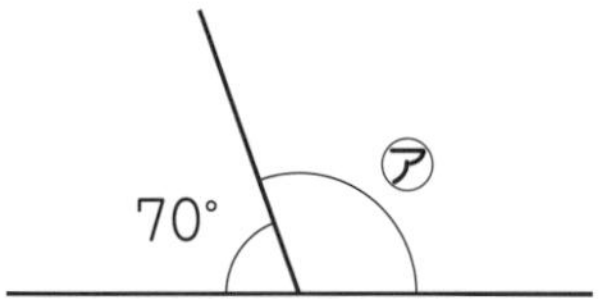

ア（　　　　）

②

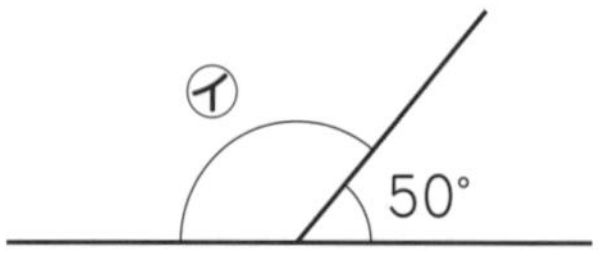

イ（　　　　）

③

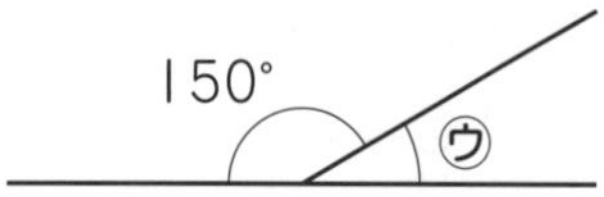

ウ（　　　　）

④

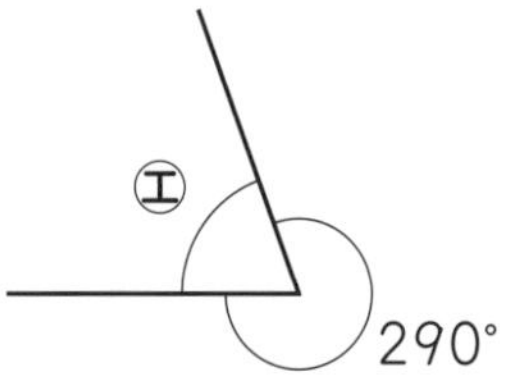

エ（　　　　）

⑤

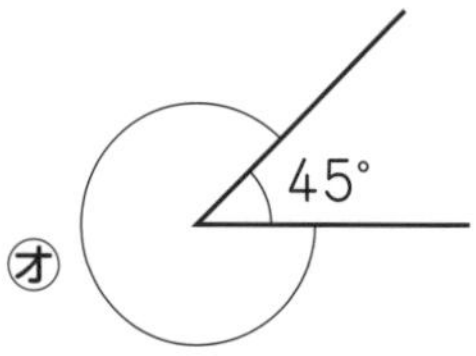

オ（　　　　）

⑥

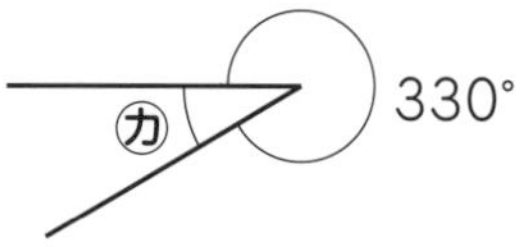

カ（　　　　）

2 次の角の大きさは、それぞれ何度ですか。

1つ5点→30点

①

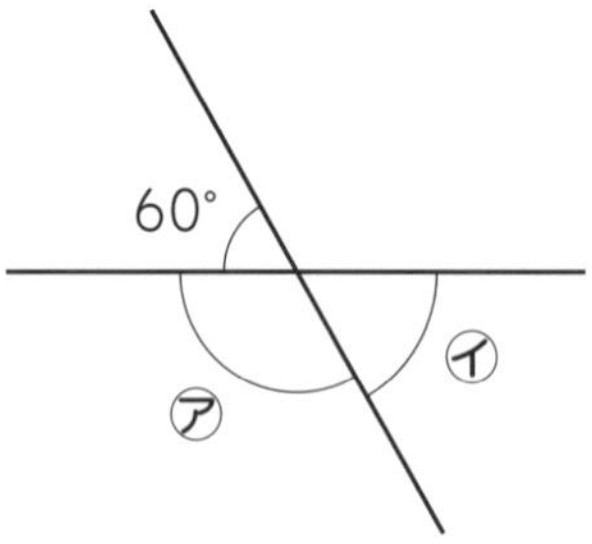

②

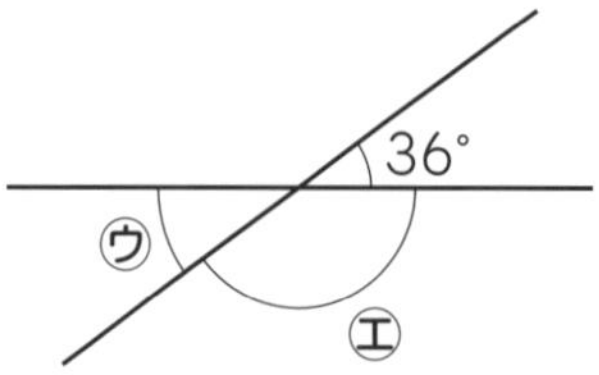

③

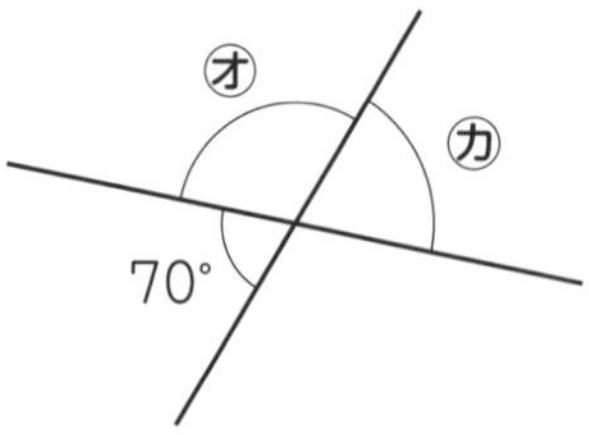

ア（　　　　）　ウ（　　　　）　オ（　　　　）

イ（　　　　）　エ（　　　　）　カ（　　　　）

とく点

点

シール

3▶ 分度器《ぶんどき》を使って、次の角度を調べましょう。

1つ5点→15点

①

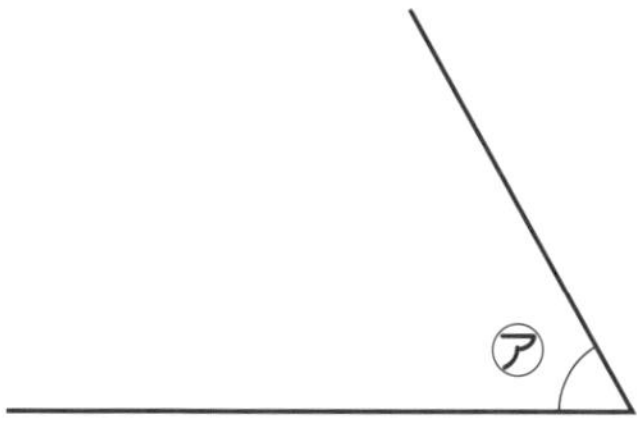

②

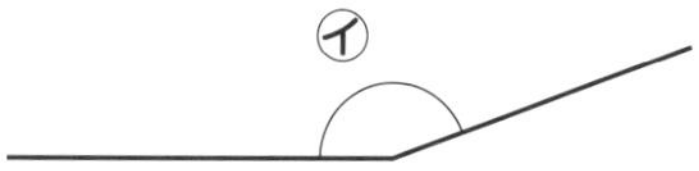

③

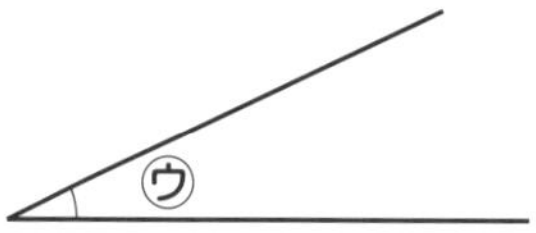

㋐（　　　　）　㋑（　　　　）　㋒（　　　　）

4▶ 分度器《ぶんどき》と定規《じょうぎ》を使い、点アをちょう点として↖の向きに、次の大きさの角をかきましょう。

1つ5点→10点

① 55°

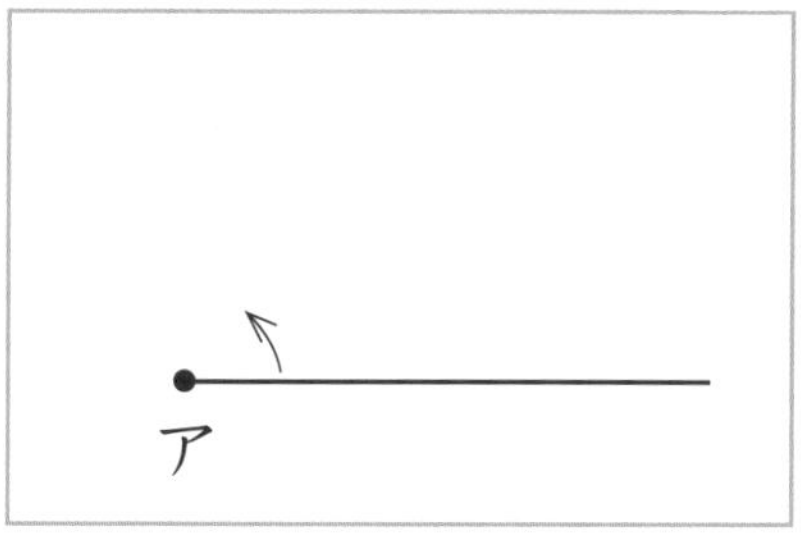

② 200°

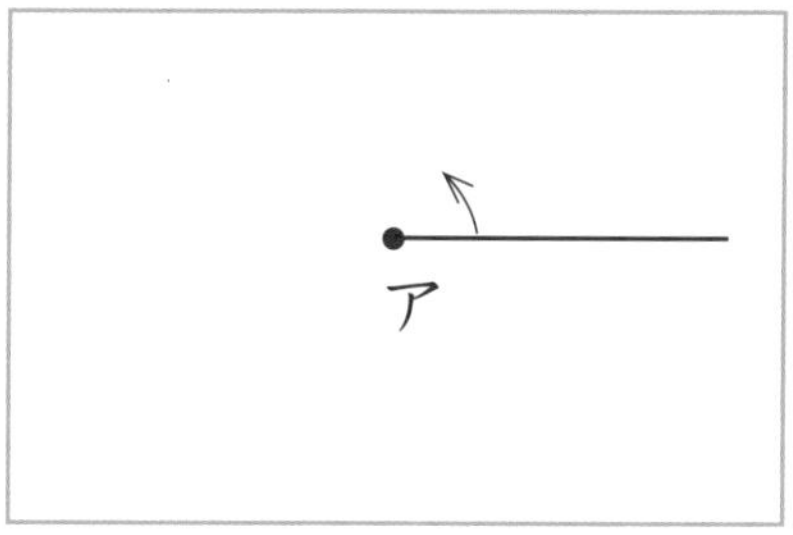

5▶ 分度器《ぶんどき》と定規《じょうぎ》を使い、左下のような三角形をかきましょう。

15点

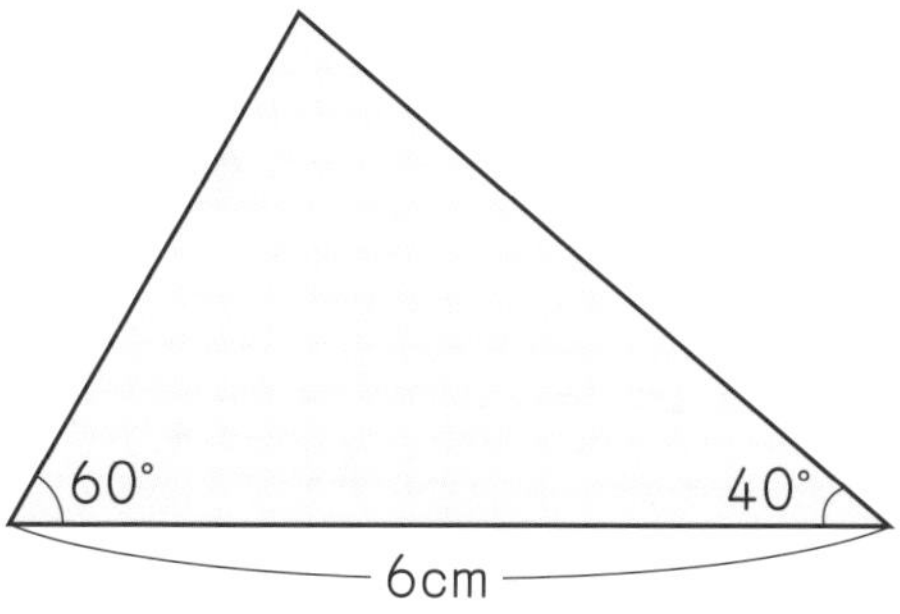

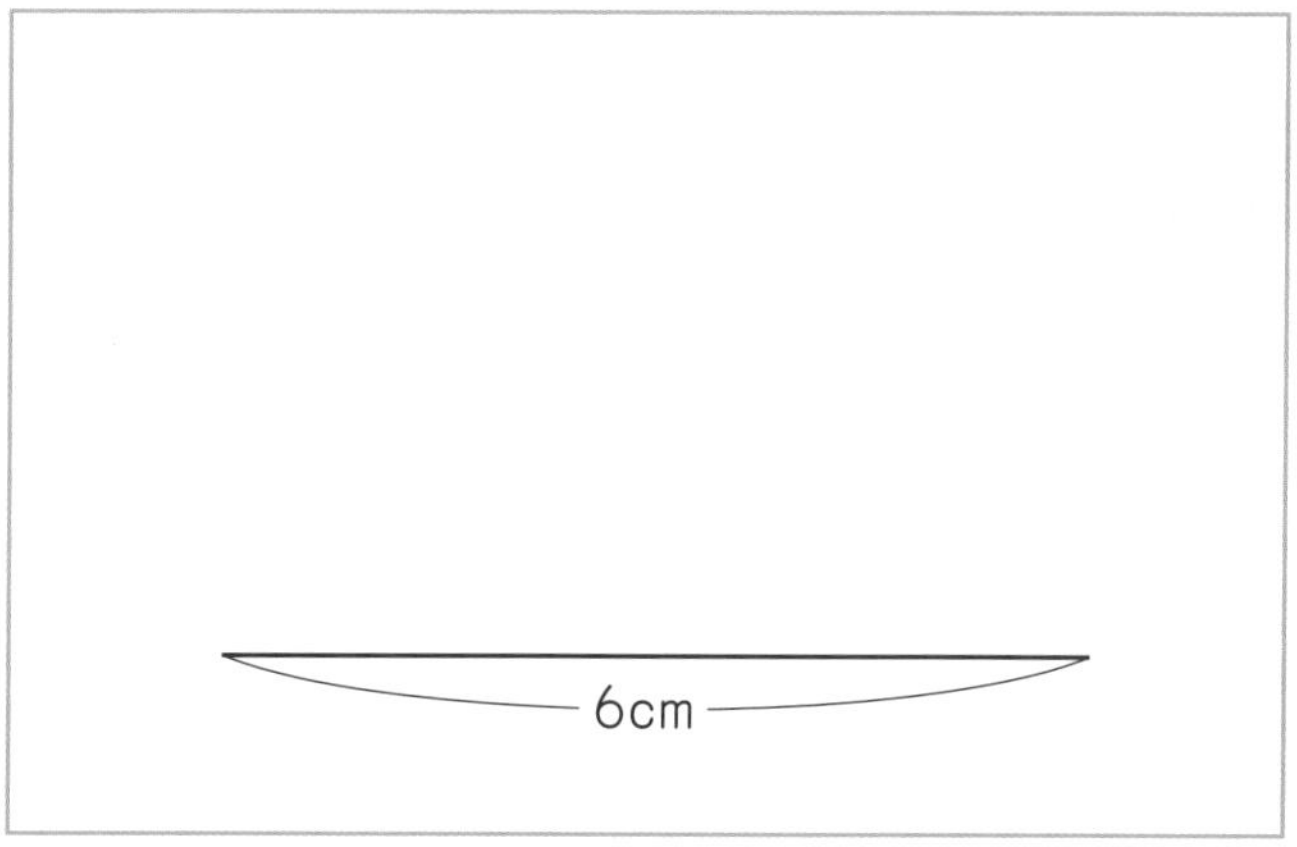

算数 8

月　　日

がい数（およその数）

1 次の数の千の位《くらい》を四捨五入《ししゃごにゅう》して、一万の位《くらい》までのがい数にしましょう。

1つ4点→16点

① 349721 （　　　　　　）

② 721480 （　　　　　　）

③ 188234 （　　　　　　）

④ 447725 （　　　　　　）

2 次の数を四捨五入《ししゃごにゅう》して、上から1けたのがい数にしましょう。

1つ4点→16点

① 18250 （　　　　　　）

② 47214 （　　　　　　）

③ 36821 （　　　　　　）

④ 24027 （　　　　　　）

3 四捨五入《ししゃごにゅう》して、上から2けたのがい数にしたとき、330になる整数をすべて書きましょう。

全部書けて10点

（　　　　　　）

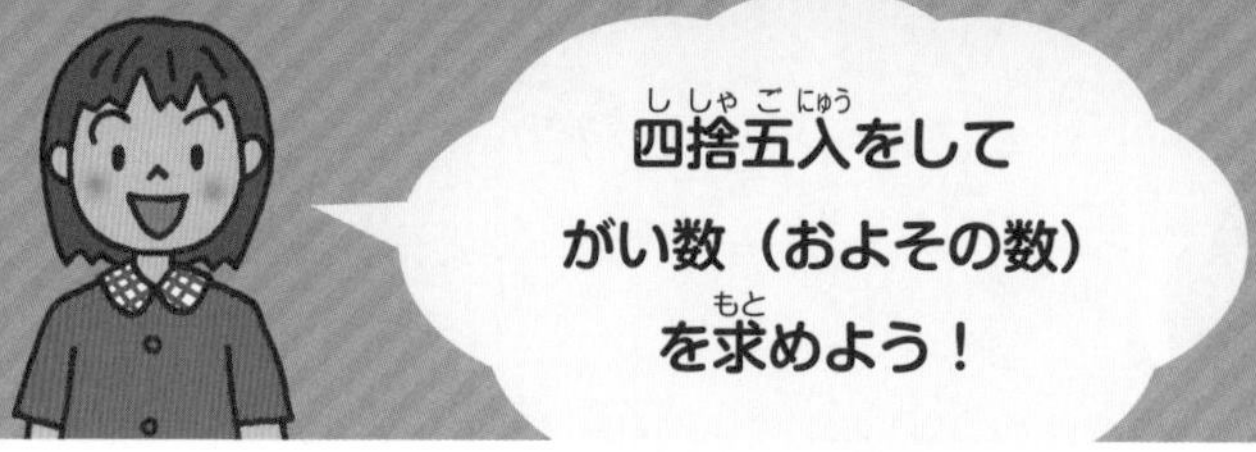
四捨五入《ししゃごにゅう》をして
がい数（およその数）
を求《もと》めよう！

とく点

点

シール

4 次の数を四捨五入《ししゃごにゅう》して、(　　) の中の位《くらい》までのがい数で答えましょう。

1つ4点→48点

① 6832450

(十万) ______

(一万) ______

(千) ______

② 2851327

(十万) ______

(一万) ______

(千) ______

③ 1947211

(十万) ______

(一万) ______

(千) ______

④ 7637439

(十万) ______

(一万) ______

(千) ______

5 四捨五入《ししゃごにゅう》して、上から2けたの数が150になる整数はどこからどこまでですか。数直線に印《しるし》をつけましょう。

10点

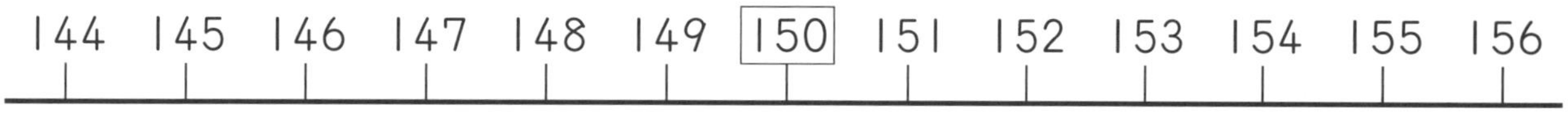
144
145
146
147
148
149
150
151
152
153
154
155
156

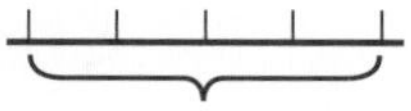

このような印《しるし》を書きましょう。

算数 9

月　日

小数（1）

1 下の数直線の□にあてはまる長さを、小数で書きましょう。

1つ5点→20点

①
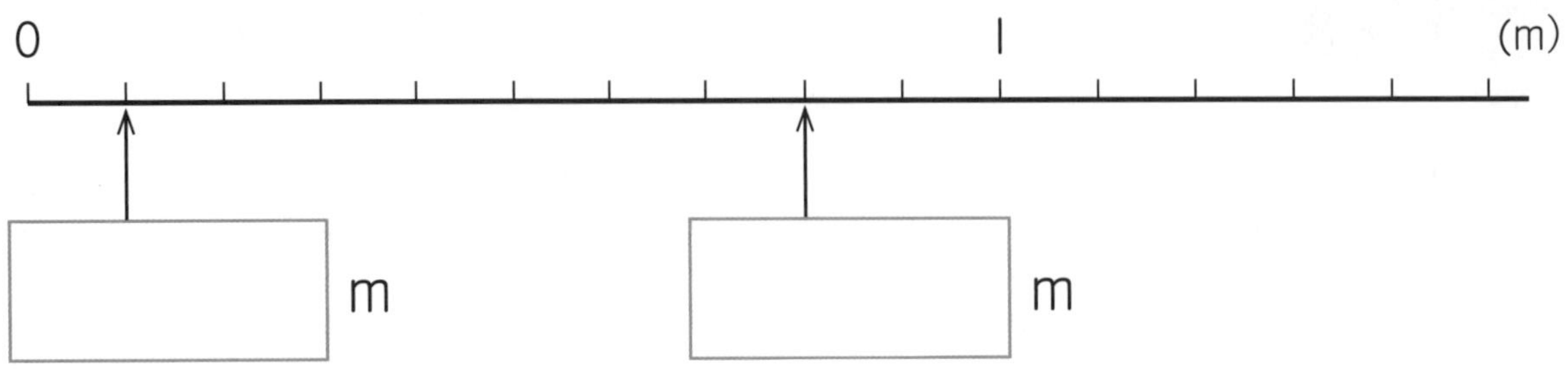
0
1
(m)
m
m

②
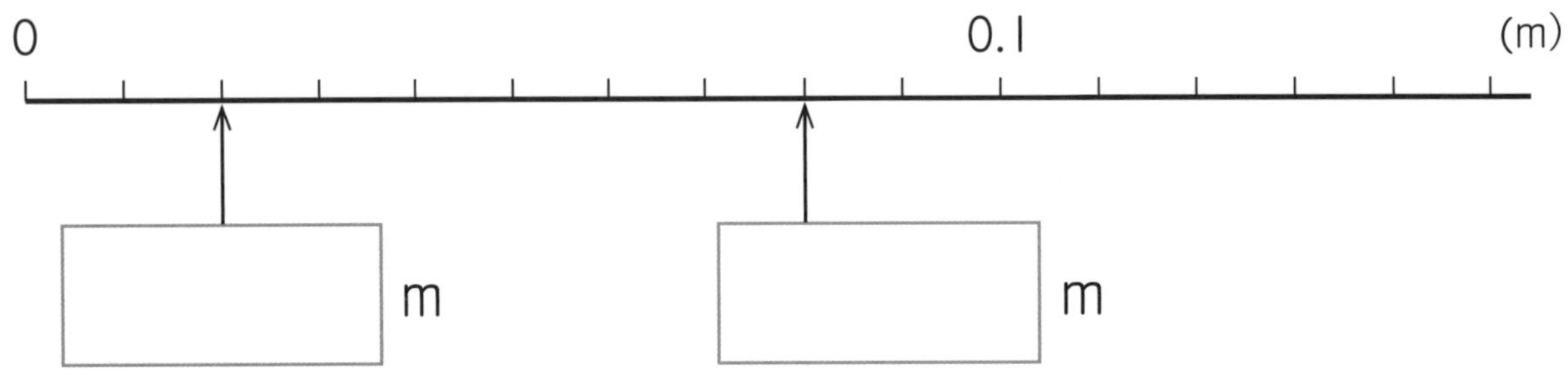
0
0.1
(m)
m
m

2 次の2つの数をくらべて、大きいほうを◯でかこみましょう。

1つ5点→25点

① （ 1.8 、2.1 ）　② （ 9.1 、8.9 ）

③ （ 3.7 、3.68 ）　④ （ 0.14 、1.04 ）

⑤ （ 0.09 、1 ）

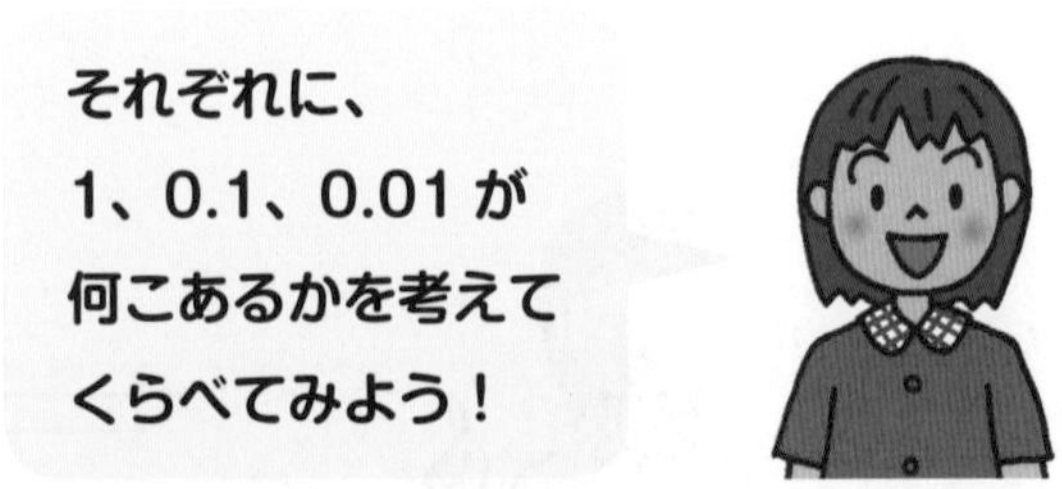
それぞれに、
1、0.1、0.01 が
何こあるかを考えて
くらべてみよう！

小数の表し方や
大きさの問題に
チャレンジしよう！

とく点　　点

シール

3 8.32について□にあう数を書きましょう。　1つ5点→20点

① 8と □ を合わせた数です。

② 0.01を □ こ集めた数です。

③ 小数第一《だいいち》位《い》の数字は □ です。

④ 小数第二《だいに》位《い》の数字は □ です。

4 次の数字を書きましょう。　1つ5点→35点

① 0.5と0.05を合わせた数　（　　　）

② 7と0.4と0.02を合わせた数　（　　　）

③ 0.01を9こ集めた数　（　　　）

④ 0.01を36こ集めた数　（　　　）

⑤ 0.01を208こ集めた数　（　　　）

⑥ 0.1を2こ、0.01を9こ集めた数　（　　　）

⑦ 1を4こ、0.1を8こ、0.01を3こ集めた数　（　　　）

算数 10

月　日

小数（2）

1 次の計算をしましょう。

1つ4点→16点

① $0.4 + 0.1 =$

② $0.52 + 0.31 =$

③ $0.2 + 0.75 =$

④ $1.55 + 1.43 =$

2 次の計算を、筆算でしましょう。

1つ4点→32点

①
$$\begin{array}{r} 2.02 \\ +\ 4.51 \\ \hline \square.\square\square \end{array}$$

②
$$\begin{array}{r} 3.63 \\ +\ 1.84 \\ \hline \end{array}$$

③
$$\begin{array}{r} 8.28 \\ +\ 1.19 \\ \hline \end{array}$$

④
$$\begin{array}{r} 6.37 \\ +\ 3.91 \\ \hline \end{array}$$

⑤
$$\begin{array}{r} 7.13 \\ +\ 2.87 \\ \hline \end{array}$$

⑥
$$\begin{array}{r} 2.65 \\ +\ 5.68 \\ \hline \end{array}$$

⑦
$$\begin{array}{r} 3.74 \\ +\ 4.88 \\ \hline \end{array}$$

⑧
$$\begin{array}{r} 9.574 \\ +\ 2.697 \\ \hline \end{array}$$

小数点の位置《いち》に気をつけて、たし算の問題に答えよう！

とく点　　　点

シール

3 次の計算をしましょう。　1つ4点→16点

① $15.2+1.57=$　　② $23.12+4.55=$

③ $31.4+22.32=$　　④ $61.34+25.21=$

4 次の計算を、筆算でしましょう。　1つ4点→16点

①
```
   1 8 . 4 5
 + 3 4 . 1 3
 -----------
   □ □ . □ □
```

②
```
   4 9 . 3 6
 + 2 8 . 7 5
 -----------
```

③
```
   2 6 . 8
 +   5 . 6 3
 -----------
```

④
```
   3 4 . 7 5
 + 1 5 . 9 6
 -----------
```

5 19.56cm のリボンと、24.87cm のリボンがあります。2本のリボンを合わせると、何 cm になりますか。　式7点、筆算6点、答え7点→20点

式

答え（　　　　　　）

筆算

月　日

小数（3）

1 次の計算をしましょう。　1つ4点→16点

① $0.9-0.7=$　　② $5.28-1.15=$

③ $3.83-2.5=$　　④ $8.75-4.34=$

2 次の計算を、筆算でしましょう。　1つ4点→32点

①
$$\begin{array}{r} 3.56 \\ -\ 1.43 \\ \hline \end{array}$$
□.□□

②
$$\begin{array}{r} 7.42 \\ -\ 3.61 \\ \hline \end{array}$$

③
$$\begin{array}{r} 4.35 \\ -\ 1.86 \\ \hline \end{array}$$

④
$$\begin{array}{r} 6.93 \\ -\ 3.94 \\ \hline \end{array}$$

⑤
$$\begin{array}{r} 5.2 \\ -\ 4.47 \\ \hline \end{array}$$

⑥
$$\begin{array}{r} 2.87 \\ -\ 1.54 \\ \hline \end{array}$$

⑦
$$\begin{array}{r} 7.14 \\ -\ 3.26 \\ \hline \end{array}$$

⑧
$$\begin{array}{r} 9.362 \\ -\ 7.986 \\ \hline \end{array}$$

小数点の位置《いち》に
気をつけて、ひき算の
問題に答えよう！

とく点　　点

シール

3 次の計算をしましょう。

1つ4点→16点

① 25.53 − 4.2 ＝

② 84.35 − 22.12 ＝

③ 17.22 − 0.12 ＝

④ 36.79 − 25.31 ＝

4 次の計算を、筆算でしましょう。

1つ4点→16点

①
$$\begin{array}{r} 43.58 \\ -\ 21.34 \\ \hline \square\square.\square\square \end{array}$$

②
$$\begin{array}{r} 52.31 \\ -\ 27.45 \\ \hline \end{array}$$

③
$$\begin{array}{r} 28.2 \\ -\ 9.57 \\ \hline \end{array}$$

④
$$\begin{array}{r} 92.04 \\ -\ 47.23 \\ \hline \end{array}$$

5 60L の水そうに、45.58L の水を入れました。あと何 L の水を入れることができますか。

式7点、筆算6点、答え7点→20点

筆算

式

答え（　　　　　　）

算数 12

月　日

まとめ

1 次の計算をしましょう。また、あまりがあるときは、あまりも書きましょう。　1つ3点→18点

① 28 ÷ 2 =　　② 78 ÷ 9 =

③ 66 ÷ 4 =　　④ 90 ÷ 5 =

⑤ 170 ÷ 5 =　　⑥ 425 ÷ 3 =

2 次の計算をしましょう。　1つ3点→6点

① 80億《おく》 + 13億《おく》 =　　② 78兆《ちょう》 − 41兆《ちょう》 =

3 次の角の大きさは何度ですか。　1つ5点→20点

①

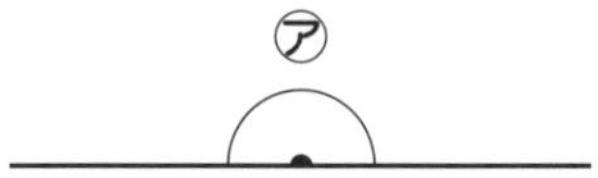

②

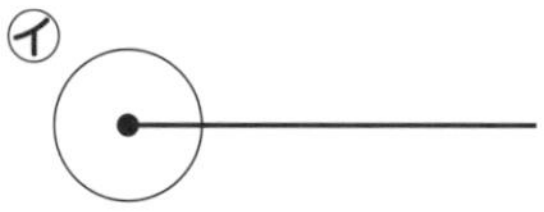

㋐（　　　）　㋑（　　　）

③

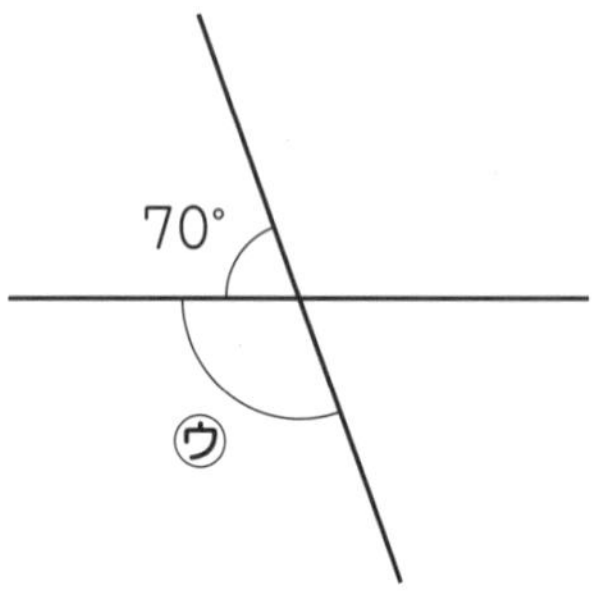

④

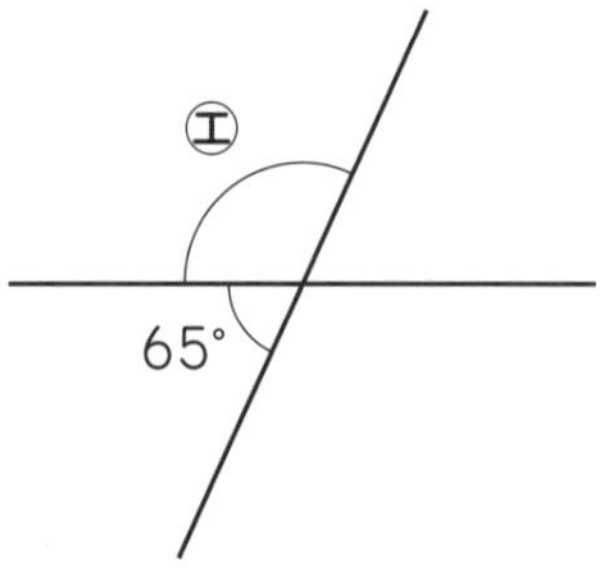

㋒（　　　）　㋓（　　　）

とく点　　点

シール

4 次の計算をしましょう。　1つ4点→32点

① 5.24 ＋ 1.32 ＝

② 7.86 － 2.54 ＝

③ 9.47 － 0.26 ＝

④ 62.7 ＋ 2.28 ＝

⑤
$$\begin{array}{r} 37.35 \\ +\ \ 6.65 \\ \hline \end{array}$$

⑥
$$\begin{array}{r} 62.13 \\ -13.57 \\ \hline \end{array}$$

⑦
$$\begin{array}{r} 19.7\ \ \\ -\ \ 9.53 \\ \hline \end{array}$$

⑧
$$\begin{array}{r} 25.269 \\ +30.968 \\ \hline \end{array}$$

5 下の表は、よしきさんの体重を調べたものです。　1つ8点→24点

よしきさんの体重調べ

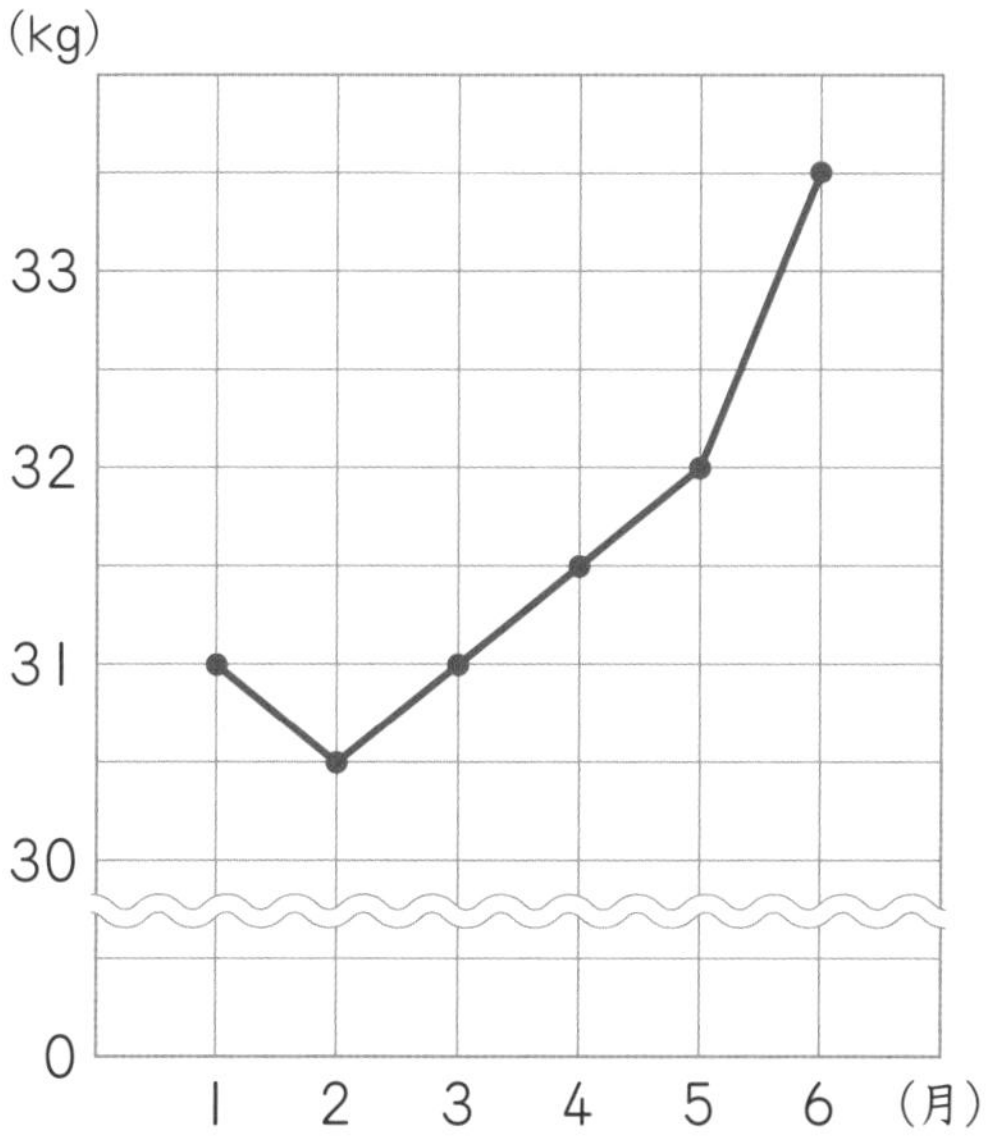

① 1めもりの単位《たんい》は何kgですか。

（　　　　　　　　）

② 4月の体重は何kgですか。

（　　　　　　　　）

③ いちばん体重が少なかったのは何月ですか。

（　　　　　　）

2 次の都《と》道《どう》府《ふ》県《けん》の正しい漢字に○をつけましょう。

（1つ3点→15点）

㋐ やまなしけん　山｛無・梨｝県

㋑ ふくいけん　福｛衣・井｝県

㋒ ならけん　｛奈・菜｝良県

㋓ さがけん　｛佐・左｝賀県

㋔ かごしまけん　｛貨・鹿｝児島県

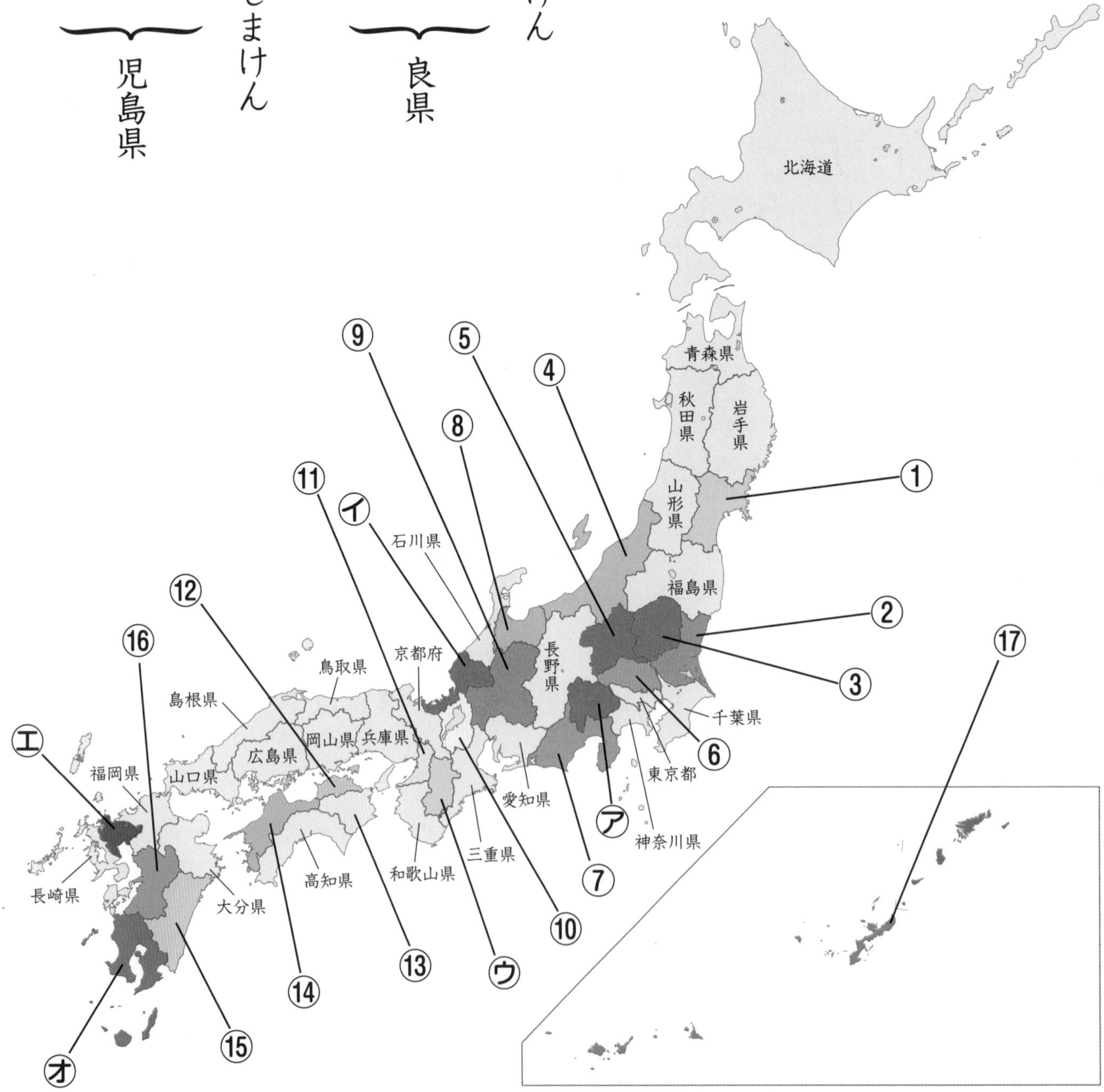

北海道
青森県
秋田県
岩手県
山形県
福島県
①
②
③
④
⑤
⑥
⑦
⑧
⑨
⑩
⑪
⑫
⑬
⑭
⑮
⑯
⑰
㋐
㋑
㋒
㋓
㋔
石川県
長野県
京都府
鳥取県
島根県
岡山県
兵庫県
広島県
山口県
福岡県
長崎県
大分県
高知県
和歌山県
三重県
愛知県
東京都
千葉県
神奈川県

12 国語

都《と》道《どう》府《ふ》県《けん》の漢字

月　日

わたしたちの住む、日本の都《と》道《どう》府《ふ》県《けん》に用いる漢字を学ぼう！

とく点

点

シール

1 ――の漢字の読みがなを（　）に書きましょう。

1つ5点→85点

①宮城県（　　）

②茨城県（　　）

③栃木県（　　）

④新潟県（　　）

⑤群馬県（　　）

⑥埼玉県（　　）

⑦静岡県（　　）

⑧富山県（　　）

⑨岐阜県（　　）

⑩滋賀県（　　）

⑪大阪府《ふ》（　　）

⑫香川県（　　）

⑬徳島県（　　）

⑭愛媛県（　　）

⑮宮崎県（　　）

⑯熊本県（　　）

⑰沖縄県（　　）

いくつ答えられるかな？

3 次の文が正しくなるように、「つなぎ言葉」を選《えら》び○をつけましょう。

1つ4点→16点

① 大福をもらった {から／けれど}、すぐには食べませんでした。

② 量《りょう》が多かった {から／のに}、半分弟にあげました。

③ 新しい筆箱を買った {のに／ので}、なくしてしまいました。

④ のどがかわいた {けれど／ので}、コップに水を入れて飲みました。

4 「つなぎ言葉」を使って、上の文と下の三つの文をつなぎます。①②それぞれ、□の中の㋐㋑㋒から選《えら》んで、（　）に記号を書きましょう。

1つ6点→36点

① 勉強をしました。
- （　）、今日のごはんは何ですか。
- （　）、わからない問題があったからです。
- （　）、わからないままです。

② くつを買いました。
- （　）、今日は、はきません。
- （　）、あなたは何色のくつが好《す》きですか。
- （　）、はいていたくつが小さくなったからです。

㋐ なぜなら　㋑ しかし　㋒ ところで

つなぎ言葉

月　日

文と文をつなぐ言葉の問題に答えよう！

とく点

点

シール

1

次の文の□にあてはまる「つなぎ言葉」を□の中から選《えら》んで書きましょう。（1つ8点→24点）

① わたしは犬が好《す》きです。
□、しょう来はトリマーになりたいです。

② 今日の天気は雨の予ほうでした。
□、空はとても晴れています。

③ 駅にとう着しました。
□、ホームに電車がきました。

しかし・だから・すると

2

次の文の□にあてはまる「つなぎ言葉」を□の中から選《えら》んで書きましょう。（1つ8点→24点）

① 今回のテストは自信《じしん》がありませんでした。
□、とても良《よ》い点数をとれていました。

② 母の日のプレゼントをさがしています。
□、今日花屋に来ました。

③ いちご味がいいですか。
□、りんご味がいいですか。

それで・それとも・ところが

10 国語 指しめす言葉

月　日

1 次の文の□にあてはまる「指ししめす言葉」を、□の中から選《えら》んで書きましょう。（1つ12点→48点）

① □で、立ち止まります。

② □かばんは、姉のものです。

③ わたしは□思います。

④ □は、買ったばかりのえん筆です。

これ・この・ここ・そう

---

2 次の文の——の言葉がしめしている内容を、（　）に書きましょう。（1つ13点→52点）

① 図書館で本を借《か》りました。そこには多くの本がありました。

（　　　　）

② 道の向こう側《がわ》に、青い屋根の家が建《た》っています。あれは、ぼくの家です。

（　　　　）

③ 手紙を書きました。明日これを、友人にとどけます。

（　　　　）

④ 先週、漢字のテストがありました。それは、今日返される予定です。

（　　　　）

文の意味のつながりに気をつけて答えよう！

とく点　　点

シール

9 国語 ていねいな言葉

月　日

ていねいな言葉づかいは、生活のなかで役立ちます。

とく点

点

シール

1 次の文の――の言葉が、「ていねいな言葉」になっているものはどれでしょう。なっているものには○を、なっていないものには×を（　）に書きましょう。　1つ12点→48点

① お客様におみやげをもらった。……（　　）

② 校長室に行きます。……（　　）

③ 先生の作品を見ました。……（　　）

④ 市長に自分の名前を言った。……（　　）

2 次の文の――の言葉を「ていねいな言葉」に直しましょう。　1つ13点→52点

（例《れい》）明日の給食《きゅうしょく》が楽しみだ。（楽しみです）

① 毎朝七時に起きている。（　　）

② 友人に手紙を書く。（　　）

③ 昨日《きのう》は博物館《はくぶつかん》に行った。（　　）

④ 飯《めし》を食べます。（　　）

3 次の文の意味に合うことわざを□の中から選《えら》んで、記号を書きましょう。

1つ5点→25点

① （　　） 急いでいるときは、時間がかかっても、安全でかく実な方法《ほうほう》をとるほうが良《よ》い。

② （　　） どんな上手な人でも、時には失敗《しっぱい》することもある。

③ （　　） 二つあるものが、形はにていても大きく差《さ》がある。

④ （　　） 相手に勝ちをゆずったほうが、かえって良《よ》い結果《けっか》になることがある。

⑤ （　　） 小さすぎるよりは大きいほうが、使い道があるから良《よ》い。

㋐ 河童《かっぱ》の川流《かわなが》れ
㋑ 大《だい》は小《しょう》をかねる
㋒ 月《つき》とすっぽん
㋓ 急《いそ》がば回《まわ》れ
㋔ 負《ま》けるが勝《か》ち

4 □にあてはまる漢数字を書いて、次のことわざを完成《かんせい》させましょう。

1つ5点→30点

（例《れい》） 天《てん》は［二］物《ぶつ》を与《あた》えず

① □寸《すん》先は闇《やみ》

② □死に一生を得《え》る

③ □転び□起き

④ 石の上にも□年

⑤ □階から目薬

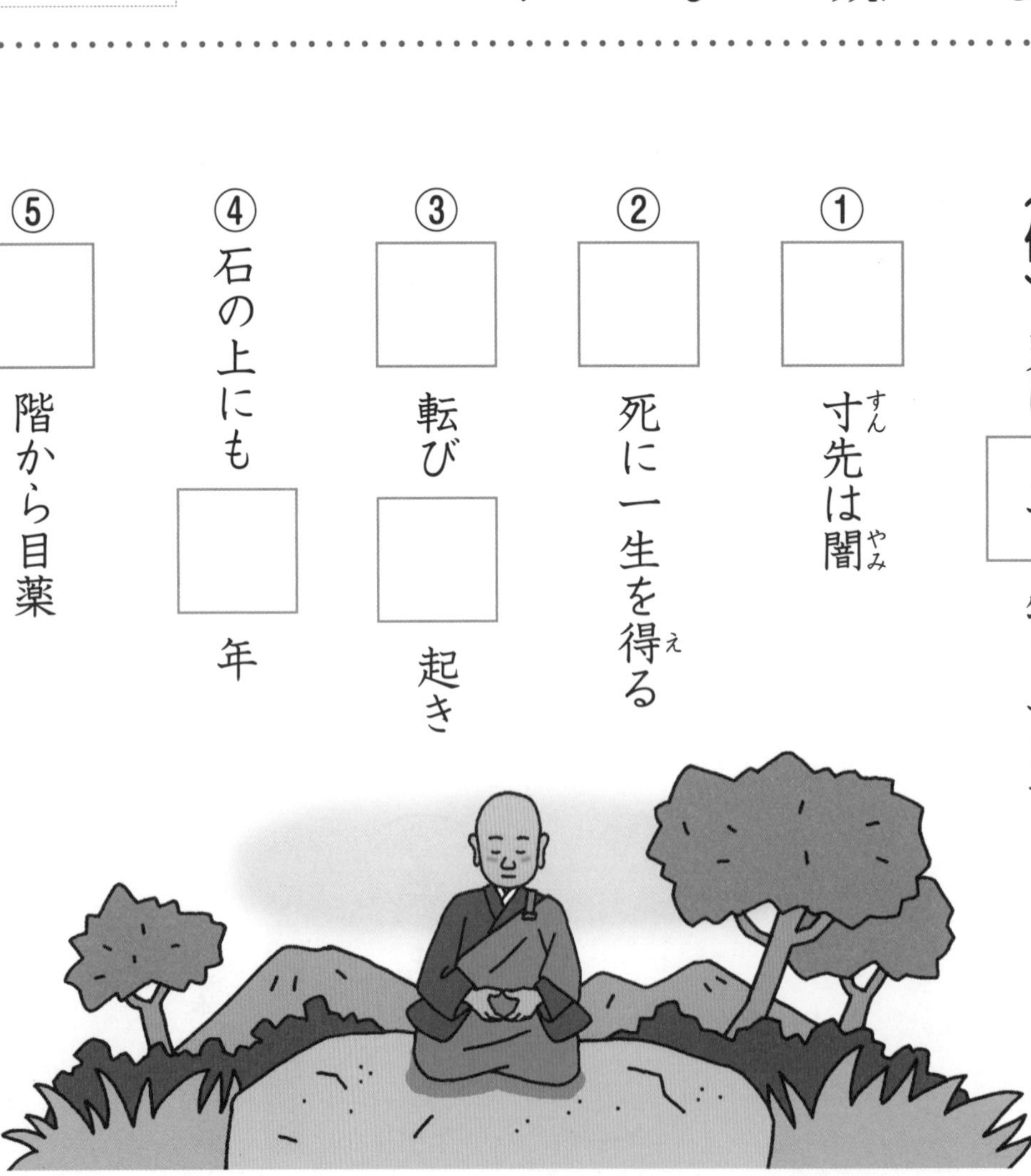

慣用句《かんようく》・ことわざ

月　日

昔の人のちえがつまった、慣用句《かんようく》やことわざを学んで、言葉をゆたかにしましょう！

とく点　　点

シール

1

（　）に入る慣用句《かんようく》を□の中から選《えら》んで記号で書き、文を完成《かんせい》させましょう。　1つ5点→25点

① けんかのあと、一人になって（　　）。

② おどろいて、思わず（　　）。

③ とてもはずかしく、（　　）。

④ たくさん練習して（　　）。

⑤ あまりにもおいしくて（　　）。

㋐ 顔から火が出る
㋑ 頭を冷《ひ》やす
㋒ うでをみがく
㋓ 腰《こし》がぬける
㋔ ほっぺたが落ちる

2

□にあてはまる言葉を□の中から選《えら》んで、文を完成《かんせい》させましょう。　1つ5点→20点

① 兄は足が速いので、競走《きょうそう》をしてもわたしはまるで□が立たない。

② つい□がすべり、ひみつを話してしまった。

③ 何度も同じことを言われ、□にたこができた。

④ たん生日プレゼントがもらえるのを、□を長くして待つ。

口・首・歯・耳

3 部首引きのポイントを読んで、次の問題に答えましょう。

1つ5点→20点

部首引きのポイント

部首がわかっているときに使います。まず、部首の画数を数えて、部首さくいんで見つけます。そのページを開くと、同じ部首の漢字が、画数順《じゅん》にならんでいます。

次の漢字を「部首さくいん」で調べるとき、どの部首で調べればよいですか。□から選《えら》んで（　）に記号を書きましょう。

① 海（　　）　② 給（　　）

③ 議（　　）　④ 位（　　）

㋐ごんべん	㋑さんずい
㋒いとへん	㋓にんべん

4 音訓《おんくん》引きのポイントを読んで、次の問題に答えましょう。

1つ5点→20点

音訓《おんくん》引きのポイント

音《おん》か訓《くん》の読み方がわかっているときに使います。「音訓《おんくん》さくいん」には、読み方が五十音順《じゅん》にならんでいます。

次の漢字を「音訓《おんくん》さくいん」の訓《くん》読みで調べるとき、先に出てくるほうを選んで、（　）に○をつけましょう。

① 花（　）　草（　）

② 新（　）　古（　）

③ 笑（　）　泣（　）

④ 海（　）　山（　）

7 国語

漢字辞典《じてん》の使い方

月　日

1 総画《そうかく》引きのポイントを読んで、次の問題に答えましょう。 1つ5点→40点

> **総画《そうかく》引きのポイント**
> 総画《そうかく》さくいんでは、漢字の総画数《そうかくすう》の少ないものから、順《じゅん》にならんでいます。読み方も部首もわからないときに使います。

次の漢字の総画数《そうかくすう》を書きましょう。

① 各（　　）画　② 反（　　）画

③ 書（　　）画　④ 道（　　）画

⑤ 選（　　）画　⑥ 札（　　）画

⑦ 芸（　　）画　⑧ 塩（　　）画

2 次の漢字を「総画《そうかく》さくいん」で出てくる順《じゅん》にならべかえましょう。 1つ10点→20点

① 栄・主・黒・佐

〔　　↓　　↓　　↓　　〕

② 世・街・児・工

〔　　↓　　↓　　↓　　〕

漢字辞典《じてん》には、いろいろな調べる方法があったね。かくにんしよう！

とく点　　点

シール

メスは、ほとんど飛《と》びません。草や木の葉にとまっています。力強く光りながら飛《と》んでいるオスを見たメスは、「およめさんになります！」と光を送ります。葉の上のあわい光を見つけたオスは、すぐにメスがいるとわかるのです。

　ホタルはたまごのときから光ります。よう虫もさなぎも光ります。よう虫は、てきが近よってきたら、光っておどろかせるのではないかと考えられています。

　ところで、関西《かんさい》の人と関《かん》東《とう》の人で、方言があるように、ホタルにも方言があります。日本の代表的なホタルであるゲンジボタルのオスが、ぴかぴかと光る、その回数を数えてみたのです。

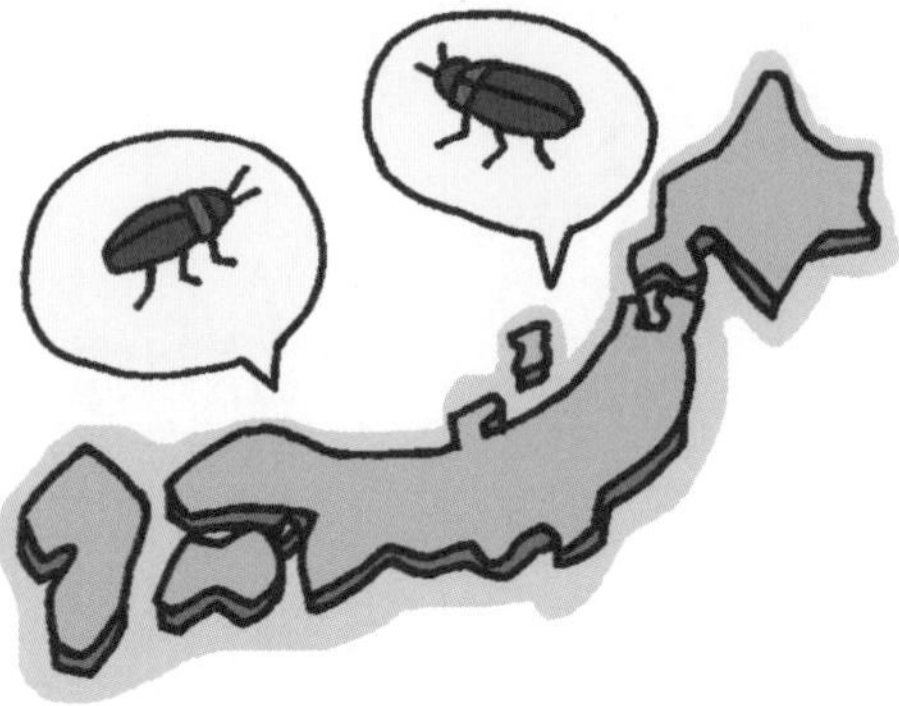

　西日本のゲンジボタルは、八秒間に四回、「ぴか、ぴか、ぴか、ぴか」。東日本は、もっとゆっくりで八秒間に二回、「ぴかー、ぴかー」。

　関西《かんさい》の人は、早口でおしゃべりなんていわれますね。ホタルもそうなのでしょうか。みなさんのすんでいるところのホタルは、関西《かんさい》べんと関東《かんとう》べん、どちらの方言で光っているでしょうか。

③ オスとメスのとくちょうを、下から選《えら》んで線で結《むす》びましょう。 1つ10点→20点

オス・　　・葉の上であわい光を送る。

メス・　　・力強く光りながら飛《と》ぶ。

④ よう虫が光るのは、どんな理由だと考えられていますか。 25点

⑤ 西日本と東日本のオスのゲンジボタルでは、何がちがうと書かれていますか。 25点

6 国語

説明文《せつめいぶん》の読みとり

月　日

ホタルについての説明文《せつめいぶん》だよ。どんなことを説明《せつめい》しているかな。

とく点　　点

シール

1 次の説明文《せつめいぶん》を読んで、問題に答えましょう。

ホタルは、あわい緑色の光が、すーっと動いたり、草むらでぼんやり光ったりして、とてもきれいです。光っているのは、おしりの先っぽです。ここに発光器《はっこうき》という光る部分があります。発光器《はっこうき》では、ルシフェリンという光のもとになる物しつがつくられます。ルシフェリンに、ルシフェラーゼという、こうそが働《はたら》いて、光が生まれます。

でも、どうしてホタルは光るのでしょうか。ホタルの光は、オスとメスとが結《けっ》こん相手をさがすための合図です。オスの発光器《はっこうき》は、メスよりも大きいので、強い光が出ます。太陽がしずむと、オスは発光《はっこう》器《き》を光らせながら飛《と》びます。「およめさん、ぼ集中！」という合図を光で送っているのです。

① 光る部分があるのは、ホタルの体のどこですか。文章中から七字でぬき出して答えましょう。（20点）

② ホタルが光るのは、どんな合図をするためですか。正しいものに○をつけましょう。（10点）

ア（　）食べ物をさがすための合図。

イ（　）結《けっ》こん相手をさがすための合図。

ウ（　）太陽がしずんだという合図。

2 次の漢字の読みがなを書きましょう。

1つ2点→16点

① ㋐ 達成（　） ㋑ 速達（　）

② ㋐ 便利（　） ㋑ 便乗（　）

③ ㋐ 相手（　） ㋑ 相談（　）

④ ㋐ 自然（　） ㋑ 天然（　）

3 次の漢字の読みがなを書きましょう。

1つ3点→24点

① 消 （　）える。 （　）す。

② 苦 （　）しい。 （　）い。

③ 覚 （　）ます。 （　）える。

④ 全 （　）く。 （　）て。

漢字の読み書き（2）

月　日

とく点　点

シール

1 意味のちがいに注意して、同じ読み方をする漢字を□に書きましょう。

1つ3点→60点

①
㋐ 配《はい》□《かん》
㋑ □《かん》結《けつ》

②
㋐ □《きゅう》食《しょく》
㋑ 要《よう》□《きゅう》

③
㋐ □《かく》種《しゅ》
㋑ 味《み》□《かく》

④
㋐ □《い》置《ち》
㋑ □《い》上《じょう》

⑤
㋐ □《き》節《せつ》
㋑ □《き》望《ぼう》
㋒ 世界の国《こっ》□《き》。

⑥
㋐ □《ふ》安《あん》
㋑ □《ふ》士《じ》山《さん》
㋒ □《ふ》録《ろく》

⑦
㋐ 参《さん》□《か》
㋑ □《か》題《だい》
㋒ □《か》物《もつ》列《れっ》車《しゃ》

⑧
㋐ □《れい》題《だい》
㋑ 号《ごう》□《れい》
㋒ □《れい》ぞう庫《こ》

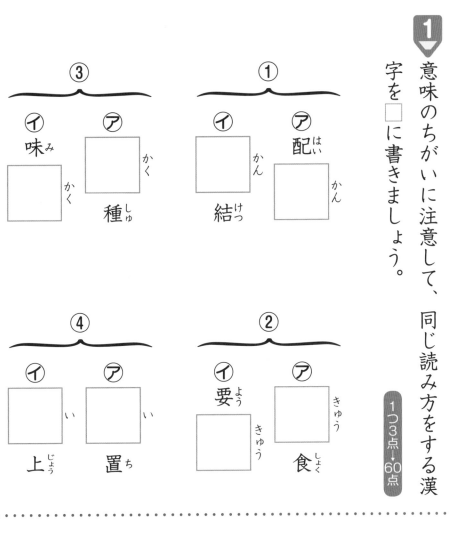

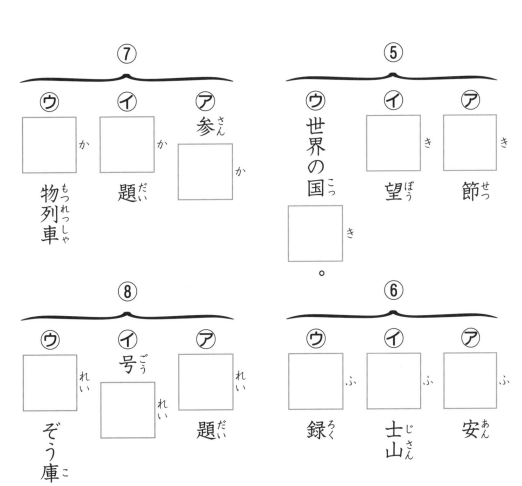

3 ——の漢字の読みがなを書きましょう。

1つ2点→20点

①願望（　　）

②街灯（　　）

③無念（　　）

④失敗（　　）

⑤季節（　　）

⑥必要（　　）

⑦伝票（　　）

⑧労働（　　）

⑨底辺（　　）

⑩試験（　　）

4 □に漢字を書きましょう。

1つ4点→44点

① □《なわ》とびの回数を記《き》□《ろく》する。

② 西《にし》□《がわ》に家が□《た》つ。

③ □《かがみ》を見る。

④ □《まつ》の木と□《うめ》の木。

⑤ 朝顔の□《め》を□《かん》□《さつ》する。

⑥ 先生が学年□《だよ》りを□《いん》□《さつ》する。

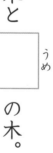

漢字の読み書き（1）

月　　日

4年生で習う漢字の読み書きにチャレンジしよう！

とく点

点

シール

1 ——の漢字の読みがなを書きましょう。（1つ2点→16点）

① 健康（　　）
② 成功（　　）
③ 希望（　　）
④ 選挙（　　）
⑤ 約束（　　）
⑥ 天候（　　）
⑦ 栄養（　　）
⑧ 参加（　　）

2 □に漢字を書きましょう。（1つ4点→20点）

① くつのひもを□《むす》ぶ。
② 病気を□《なお》す。
③ 野《や》□《さい》の□《たね》をまく。
④ 医りょう用の電子□《き》□《き》。

やきすを、ごみと一しょにぶちこみました。そしてまた、ふくろの口をしばって、水の中へ入れました。

兵十《ひょうじゅう》はそれから、びくをもって川から上がり、びくを土手においといて、何かをさがしにか、川上の方へかけていきました。

兵十《ひょうじゅう》がいなくなると、ごんは、ぴょいと草の中からとび出して、びくのそばへかけつけました。ちょいといたずらがしたくなったのです。ごんはびくの中の魚をつかみ出しては、はりきりあみのかかっているところの下手《しもて》の川の中を目がけて、ぽんぽんなげこみました。どの魚も、④「とぼん」と音を立てながらにごった水の中へもぐりこみました。

一ばんしまいに、太いうなぎをつかみにかかりましたが、何しろぬるぬるとすべりぬけるので、手ではつかめません。ごんは⑤じれったくなって、頭をびくの中につっこんで、うなぎの頭を口にくわえました。うなぎは、キュッと言って、ごんの首へまきつきました。そのとたんに兵十《ひょうじゅう》が、向こうから、

「うわァぬすとぎつねめ。」

と、どなりたてました。⑥ごんは、びっくりしてとびあがりました。うなぎをふりすててにげようとしましたが、うなぎは、ごんの首にまきついたままははなれません。ごんはそのまま横っとびにとび出して一生けん命に、にげていきました。

（「ごんぎつね」新美《にいみ》南吉《なんきち》）

大きな［　　］のはら。

④ ④――「とぼん」という音は、何の音ですか。正しいものに〇をつけましょう。 15点

ア（　）びくの中の魚をつかむ音。

イ（　）はりきりあみと魚がぶつかる音。

ウ（　）なげこんだ魚が水の中へもぐりこむ音。

⑤ ⑤――「じれったくなって」の意味を表すほうに〇をつけましょう。 15点

ア（　）思うようにならなくて、いらいらして。

イ（　）初《はじ》めてのことで、どきどきして。

⑥ ⑥――ごんがびっくりしてとびあがったのはなぜですか。 20点

（　　　　　　　　　　）

物語の読みとり

1 次の物語を読んで、問題に答えましょう。

ふと見ると、川の中に人がいて、何かやっています。ごんは、見つからないように、そうっと草の深いところへ歩きよって、①そこからじっとのぞいて見ました。

「兵十《ひょうじゅう》だな。」

と、ごんは思いました。兵十《ひょうじゅう》はぼろぼろの黒いきものをまくし上げて、こしのところまで水にひたりながら、魚をとる、はりきりという、あみをゆすぶっていました。はちまきをした顔の横っちょうに、まるいはぎの葉が一まい、②大きなほくろみたいにへばりついていました。

しばらくすると、兵十《ひょうじゅう》は、はりきりあみの一ばんうしろの、ふくろのようになったところを、水の中からもち上げました。その中には、しばの根や、草の葉や、くさった木ぎれなどが、ごちゃごちゃはいっていましたが、でもところどころ、③白いものがきらきら光っています。それは、ふというなぎのはらや、大きなきすのはらでした。兵十《ひょうじゅう》は、びくの中へ、そのうなぎ

(1) ①――「そこ」とは、どこのことですか。 15点

ア（　）川の中。

イ（　）草の深いところ。

ウ（　）兵十《ひょうじゅう》の家。

(2) ②――「大きなほくろみたい」に見えたものを、七字でぬき出しましょう。 15点

□□□□□□□

(3) ③――「白いもの」とありますが、それは何でしたか。 1つ10点→20点

ふとい□□□のはらや、

3 へんの名前を答えましょう。また、□に漢字を書きましょう。

1つ2点→32点

① 扌
へんの名前（　　　）
□《ひろ》う・薬《くすり》□《ゆび》・□《お》り紙《がみ》

② 氵
へんの名前（　　　）
海水《かいすい》□《よく》・□《なみ》風《かぜ》・□《ぎょ》業《ぎょう》

③ 亻
へんの名前（　　　）
□《しん》じる・□《でん》言《ごん》・□《けん》康《こう》

④ 言
へんの名前（　　　）
□《せつ》明《めい》・口《く》□《ちょう》・会《かい》□《ぎ》

4 次の部首をもつ漢字を、□の中からそれぞれ二つ選《えら》んで□に書きましょう。

1つ2点→20点

① くにがまえ → □・□

② もんがまえ → □・□

③ しんにょう → □・□

④ まだれ → □・□

⑤ こころ → □・□

関・底・息・遊・悲・園・選・庫・開・固

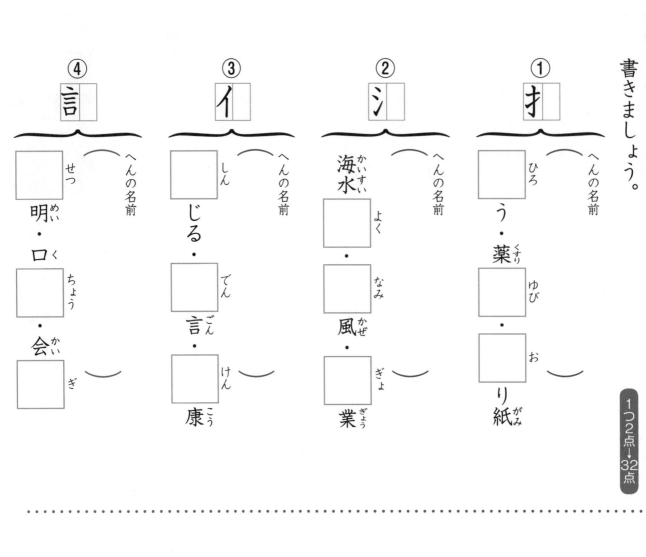

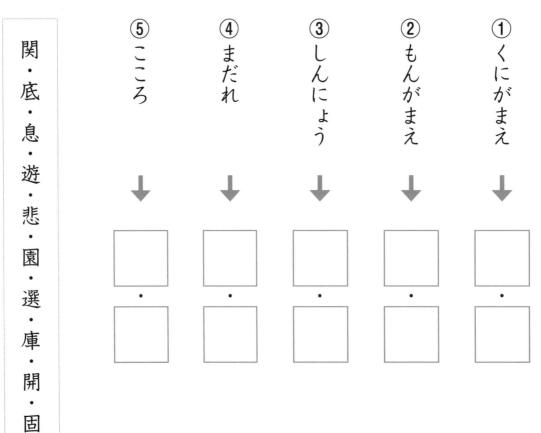

2 国語 漢字の組み立て（2）

月　日

部首の名前と、その部首をもつ漢字をかくにんしよう！

とく点　　点

シール

1 かんむりの名前を答えましょう。また、□に漢字を書きましょう。（1つ2点→24点）

① 宀

（かんむりの名前　　）

□《か》族《ぞく》を□《まも》る・□《あん》心《しん》

② 艹

（かんむりの名前　　）

□《らっ》下《か》・野《や》□《さい》・青《あお》□《ば》

③ ⺮

（かんむりの名前　　）

□《ひと》しい・季《き》□《せつ》・□《え》顔《がお》

2 つくりの名前を答えましょう。また、□に漢字を書きましょう。（1つ2点→24点）

① 攵

（つくりの名前　　）

□《きょう》室《しつ》・□《ぼく》場《じょう》・□《さん》歩《ぽ》

② 頁

（つくりの名前　　）

人《じん》□《るい》・□《じゅん》番《ばん》・□《ねが》い

③ 刂

（つくりの名前　　）

行《ぎょう》□《れつ》・□《り》用《よう》・□《べつ》人《じん》

2

①〜④の部分を、それぞれ何といいますか。□の中から選《えら》んで、（　）に記号を書きましょう。

1つ10点→40点

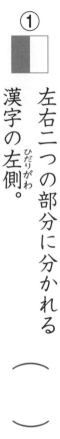

① 
左右二つの部分に分かれる漢字の左側《ひだりがわ》。（　　）

② 
左右二つの部分に分かれる漢字の右側《みぎがわ》。（　　）

③ 
上下二つの部分に分かれる漢字の上側《うえがわ》。（　　）

④ 
上下二つの部分に分かれる漢字の下側《したがわ》。（　　）

㋐あし　㋑かんむり　㋒へん　㋓つくり

3

①〜③の部分を、それぞれ何といいますか。□の中から選《えら》んで、（　）に記号を書きましょう。

1つ10点→30点

① 
漢字の上部から左下につく部分。（　　）

② 
漢字の左側《ひだりがわ》から下部につく部分。（　　）

③ 
漢字の外側《そとがわ》をかこむ部分。（　　）

㋐にょう　㋑かまえ　㋒たれ

漢字は大きく分けると7種類《しゅるい》の部首があるんだね！

1 国語

漢字の組み立て（1）

月　日

組み合わせてできる漢字や、漢字を分類《ぶんるい》するために使われる部首について学ぼう！

とく点　　点

シール

1 二つの漢字を組み合わせて、できた漢字を□に書きましょう。

1つ3点→30点

（例《れい》）木＋安→案

① 力＋重→□

② 田＋火→□

③ 心＋音→□

④ 相＋心→□

⑤ 寺＋言→□

⑥ 王＋求→□

⑦ 直＋木→□

⑧ 糸＋売→□

⑨ 京＋日→□

⑩ 心＋今→□

夏休みドリル

国語

小学4年

目次

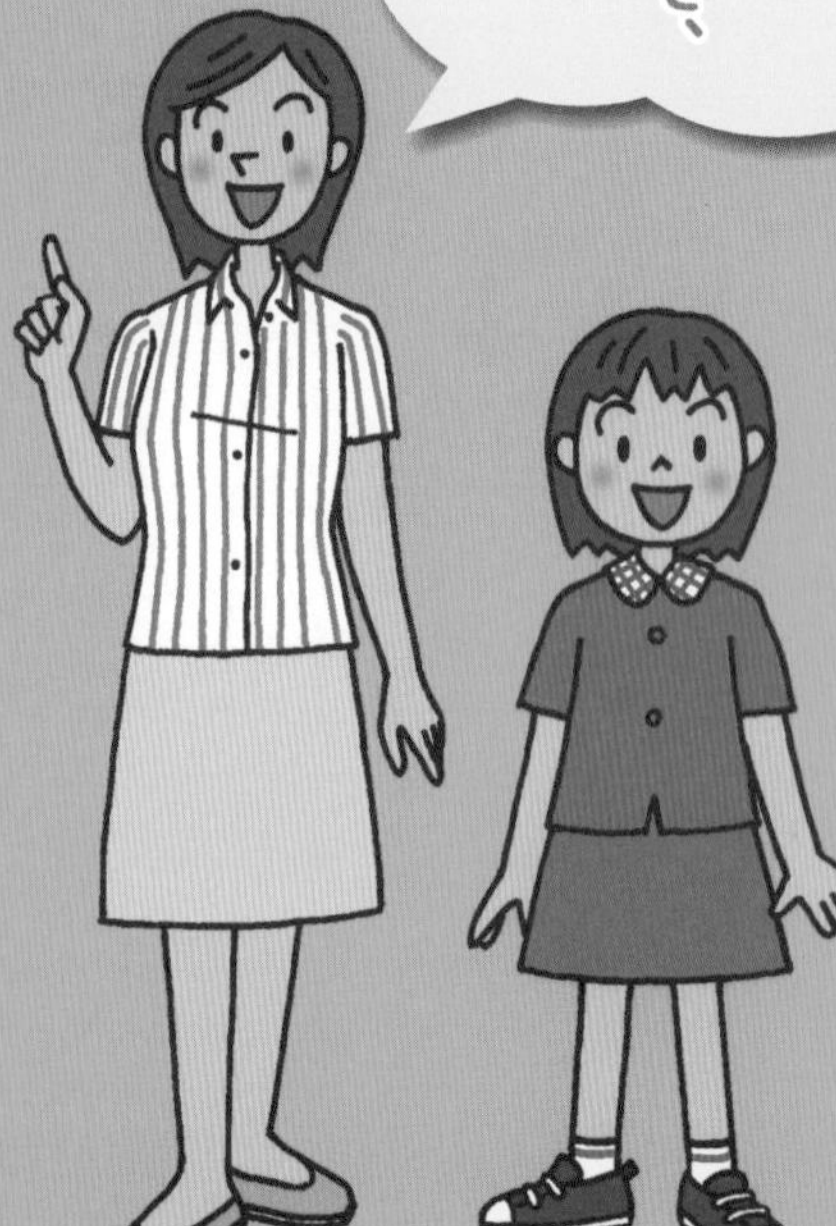

ドリルをやり終わったら、答え合わせをして、シールをはりましょう。

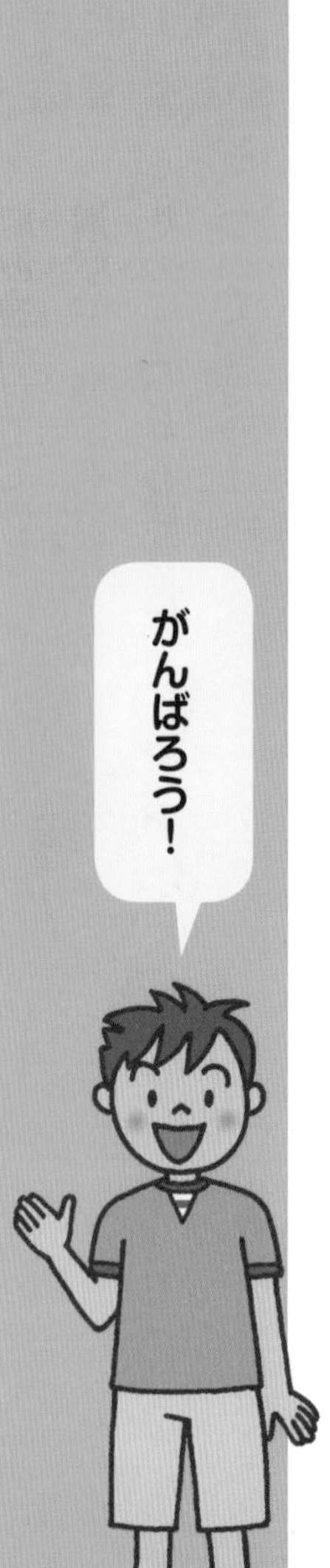

がんばろう！

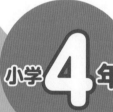

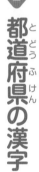

夏休みドリル

算数

解答《かいとう》とアドバイス

小学4年

別冊《べっさつ》

★取り外して使えます。

おうちのかたへ

この別冊《べっさつ》は、問題の解答《かいとう》と問題のポイントをまとめた学習のアドバイスです。お子さんの勉強が終わったら答え合わせをして、正解《せいかい》には赤丸を大きくつけてあげてください。お子さんに説明《せつめい》しながら、もう一度確認《かくにん》しましょう。

算数 1 月 日

3年生のふく習

3年生で習った、かけ算・
わり算・小数・分数の
問題をおさらいしよう！

とく点 点

シール

1 次の計算を、筆算でしましょう。 1つ3点→18点

① 81 × 15 → 405、81、1215

② 33 × 48 → 264、132、1584

③ 29 × 62 → 58、174、1798

④ 605 × 45 → 3025、2420、27225

⑤ 280 × 49 → 2520、1120、13720

⑥ 802 × 15 → 4010、802、12030

2 1こ140円のチョコレートをクラス38人分買います。チョコレートの代金は全部で何円ですか。 式4点、筆算4点、答え4点→12点

140円

式 140 × 38 = 5320

答え（ 5320円 ）

筆算

140 × 38 → 1120、420、5320

3 次の計算をしましょう。⑤と⑥は、あまりも出しましょう。 1つ4点→24点

① 54 ÷ 9 = 6　② 36 ÷ 4 = 9

③ 28 ÷ 7 = 4　④ 25 ÷ 5 = 5

⑤ 49 ÷ 8 = 6 あまり 1　⑥ 28 ÷ 3 = 9 あまり 1

4 次の水のかさは何Lですか。□に小数で、（ ）に分数で、合う数を書きましょう。 1つ4点→16点

①

1L

0.3 L、$\left(\frac{3}{10}\right)$ L

②

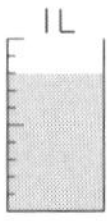
1L

0.8 L、$\left(\frac{8}{10}\right)$ L

5 次の計算をしましょう。 1つ5点→30点

① $\frac{2}{5}+\frac{1}{5}=\frac{3}{5}$　② $\frac{3}{8}+\frac{2}{8}=\frac{5}{8}$

③ $\frac{2}{6}+\frac{3}{6}=\frac{5}{6}$　④ $\frac{8}{9}-\frac{7}{9}=\frac{1}{9}$

⑤ $1-\frac{1}{5}=\frac{4}{5}$　⑥ $1-\frac{3}{7}=\frac{4}{7}$

2 算数4年　　算数4年 3

学習のアドバイス

1 3年生のふく習

5 の分数のたし算とひき算の計算は、分母はそのままで、分子どうしを計算します。⑤の $1-\frac{1}{5}$ の「1」は $\frac{5}{5}$ に直し、⑥の $1-\frac{3}{7}$ の「1」は $\frac{7}{7}$ に直してから計算しましょう。

算数 2

月　日

大きな数

1億《おく》をこえる数の
しくみを
考えましょう！

とく点
点
シール

1 □に合う不等号《ふとうごう》を書きましょう。 1つ5点→20点

① 4800万 ＜ 4900万　② 2億《おく》 ＞ 8900万

③ 7800億《おく》 ＜ 8000億《おく》　④ 9500億《おく》 ＜ 1兆《ちょう》

2 次の数を数字で書きましょう。 1つ8点→16点

① 五千三百八十一万六千二百十一

(53816211)

② 一億《おく》二百四十五万七十

(102450070)

3 次の数を漢字で書きましょう。 1つ9点→18点

① 7143216872

(七十一億四千三百二十一万六千八百七十二)

② 115083417700

(千百五十億八千三百四十一万七千七百)

4 次の□にあてはまる数を書きましょう。 1つ2点→6点

6億　15億　28億

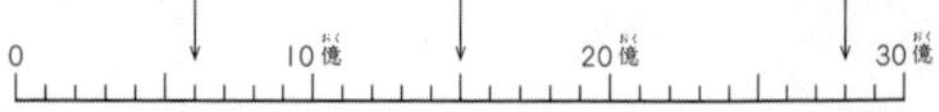
0
10億《おく》
20億《おく》
30億《おく》

5 次の数を10倍にした数を書きましょう。 1つ4点→24点

① 7億《おく》　(70億)

② 5兆《ちょう》　(50兆)

③ 30兆《ちょう》　(300兆)

④ 950億《おく》　(9500億)

⑤ 9500億《おく》　(9兆5000億)

⑥ 71兆《ちょう》　(710兆)

6 次の数を10でわった数を書きましょう。 1つ4点→16点

① 4000億《おく》　(400億)

② 940兆《ちょう》　(94兆)

③ 6兆《ちょう》　(6000億)

④ 8530億《おく》　(853億)

算数 3

月　日

わり算 (1)

わる数が1けたの
筆算の問題だよ！

とく点
点
シール

1 次の計算を、筆算でしましょう。 1つ4点→32点

①
```
   1 2
3)3 6
  3
    6
    6
    0
```
②
```
   1 6
5)8 0
  5
  3 0
  3 0
    0
```
③
```
   1 2
4)4 8
  4
    8
    8
    0
```
④
```
   1 7
3)5 1
  3
  2 1
  2 1
    0
```
⑤
```
   1 0
9)9 0
  9
    0
```
⑥
```
   2 7
2)5 4
  4
  1 4
  1 4
    0
```
⑦
```
   2 1
4)8 4
  8
    4
    4
    0
```
⑧
```
   3 5
2)7 0
  6
  1 0
  1 0
    0
```

2 メダカが75ひきいます。3つの水そうに同じ数ずつ分けると、1つの水そうは何ひきになりますか。 式6点、筆算6点、答え6点→18点

式 $75 \div 3 = 25$

筆算
```
   2 5
3)7 5
  6
  1 5
  1 5
    0
```

答え (25ひき)

3 次の計算を、筆算でしましょう。 1つ4点→32点

①
```
   2 2 1
2)4 4 2
  4
    4
    4
      2
      2
      0
```
②
```
   3 1 1
3)9 3 3
  9
    3
    3
      3
      3
      0
```
③
```
   1 0 4
5)5 2 0
  5
    2 0
    2 0
      0
```
④
```
   1 4 1
6)8 4 6
  6
  2 4
  2 4
      6
      6
      0
```
⑤
```
     2 0
9)1 8 0
  1 8
      0
```
⑥
```
   1 9 0
4)7 6 0
  4
  3 6
  3 6
      0
```
⑦
```
   1 7 4
3)5 2 2
  3
  2 2
  2 1
    1 2
    1 2
      0
```
⑧
```
   2 0 4
4)8 1 6
  8
    1 6
    1 6
      0
```

4 ノートを7さつ買ったら、770円でした。ノート1さつのねだんは何円ですか。 式6点、筆算6点、答え6点→18点

式 $770 \div 7 = 110$

筆算
```
   1 1 0
7)7 7 0
  7
    7
    7
      0
```

答え (110円)

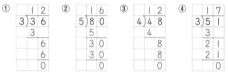

算数 4

月　日

わり算（2）

とく点　　点

シール

1 次の計算を筆算でして、あまりも出しましょう。　1つ4点→32点

①
```
    6
3)19
  18
   1
```
②
```
   13
6)80
  6
  20
  18
   2
```
③
```
   21
2)43
  4
   3
   2
   1
```
④
```
   22
4)89
  8
   9
   8
   1
```
⑤
```
   45
2)91
  8
  11
  10
   1
```
⑥
```
   17
5)88
  5
  38
  35
   3
```
⑦
```
   12
3)38
  3
   8
   6
   2
```
⑧
```
   11
6)70
  6
  10
   6
   4
```

2 50本のえんぴつを、4人で同じ数ずつ分けます。えんぴつは1人何本になりますか。また、何本あまりますか。

式6点、筆算6点、答え6点→18点

筆算
```
   12
4)50
  4
  10
   8
   2
```

式　50÷4＝12　あまり2

答え（1人12本で、2本あまる。）

3 次の計算を筆算でして、あまりも出しましょう。　1つ5点→30点

①
```
   114
3)344
  3
   4
   3
   14
   12
    2
```
②
```
   351
2)703
  6
  10
  10
    3
    2
    1
```
③
```
   104
5)521
  5
    21
    20
     1
```
④
```
   182
4)730
  4
  33
  32
   10
    8
    2
```
⑤
```
   405
2)811
  8
    11
    10
     1
```
⑥
```
    57
7)400
  35
   50
   49
    1
```

4 651まいのカードを、5人で同じ数ずつ分けます。カードは1人何まいになりますか。また、何まいあまりますか。

式7点、筆算6点、答え7点→20点

筆算
```
   130
5)651
  5
  15
  15
    1
```

式　651÷5＝130　あまり1

答え（1人130まいで、1まいあまる。）

学習のアドバイス

② 大きな数

大きな数は一の位《くらい》から数えて、4けたずつに区切ると読みやすくなります。数を「数字から漢字」で表すとき、反対に「漢字から数字」に表すとき、0になる位《くらい》があるときは書き忘《わす》れないように気をつけましょう。5と6のような問題では、位取《くらいど》りを考えます。整数は、10倍すると位《くらい》が1つずつ上がり、10でわると位《くらい》が1つずつ下がります。

学習のアドバイス

③ わり算（1）

1けたの数でわるわり算の筆算は、大きい位《くらい》から順《じゅん》に計算しましょう。3の⑤「180÷9」のような計算は、「1÷9」はわれないので、「18÷9」として進みます。答えの「2」は「8」の上に書きます。

学習のアドバイス

④ わり算（2）

あまりのあるわり算の筆算も、大きい位《くらい》から順《じゅん》に計算しましょう。「わる数×商《しょう》＋あまり＝わられる数」で答えを確《たし》かめることができます。計算が終わったら確《たし》かめてみましょう。

算数 5 わり算（3）

月　日

わる数が2けたの
わり算の問題に
チャレンジしよう！

とく点　　点

シール

1 次の計算をしましょう。　1つ4点→8点

① 80÷40＝2　② 90÷30＝3

2 次の計算を、筆算でしましょう。⑤と⑥はあまりも出しましょう。　1つ4点→24点

① 22)88　答え 4
88
0

② 31)93　答え 3
93
0

③ 16)48　答え 3
48
0

④ 14)84　答え 6
84
0

⑤ 32)99　答え 3
96
3

⑥ 12)98　答え 8
96
2

3 96円持《も》っています。１こ16円のガムは何こ買えますか。　式6点、筆算6点、答え6点→18点

筆算

16)96　答え 6
96
0

式　96÷16＝6

答え（　6こ　）

4 次の計算をしましょう。　1つ4点→8点

① 600÷20＝30　② 950÷50＝19

5 次の計算を、筆算でしましょう。⑤と⑥はあまりも出しましょう。　1つ4点→24点

① 12)372　答え 31
36
12
12
0

② 13)572　答え 44
52
52
52
0

③ 19)684　答え 36
57
114
114
0

④ 21)483　答え 23
42
63
63
0

⑤ 34)750　答え 22
68
70
68
2

⑥ 12)295　答え 24
24
55
48
7

6 クッキーが365こあります。14こずつふくろにつめると、何ふくろできますか。また、クッキーは何こあまりますか。　式6点、筆算6点、答え6点→18点

筆算

14)365　答え 26
28
85
84
1

式　365÷14＝26　あまり1

答え（26ふくろできて、1こあまる。）

算数 6 折《お》れ線グラフと表

月　日

たてじくは温度、横じくは時間も正解《せいかい》です。

折《お》れ線グラフと
表の、読み方やかき方の
問題に答えましょう！

とく点　　点

シール

1 下の折《お》れ線グラフを見て答えましょう。　1つ6点→24点

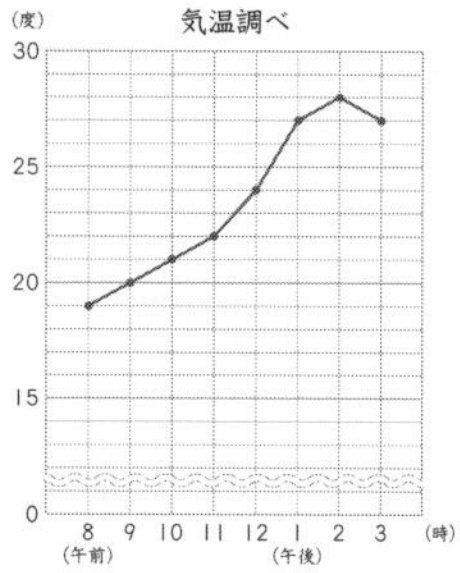

① たてじくと横じくは、それぞれ何を表していますか。

たてじく…（　気温　）

横じく……（時こく）

② 気温がいちばん高いのは何時で、それは何度でしたか。

（　午後2　時）で、（　28　度）。

左のグラフの 〰 は、
めもりの一部分を
省《はぶ》いているんだよね！

2 下の表を見て答えましょう。　1つ6点→30点

好《す》きな給食《きゅうしょく》　学年別《べつ》調べ（人）

学年＼給食《きゅうしょく》	カレー	うどん	あげパン	合計
6年	20	18	20	58
5年	15	13	36	64
4年	31	18	11	㋐ 60
3年	25	12	18	55
2年	28	27	7	62
1年	20	32	9	61
合計	139	120	101	㋑ 360

① いちばん人気の給食《きゅうしょく》は何ですか。

（　カレー　）

② 2年生でうどんが好《す》きなのは何人ですか。

（　27人　）

③ ㋐に合う数を表に書きましょう。

④ ㋑に合う数を表に書きましょう。

また、㋑の数は何を表していますか。

（　全校生徒の数　）

「全部の学年の数」や「全体の人数」など、全体の意味があれば正解《せいかい》です。

3 下の表は、パン屋の来客数を、2時間ごとに調べたものです。

パン屋の来客数調べ

時こく（時）	午前 9	11	午後 1	3	5	7	9
来客数（人）	16	22	26	33	28	25	20

① 右の㋐にあてはまる言葉は何ですか。　6点

（来客数調べ）

② 折《お》れ線グラフのたてじくと横じくは、それぞれ何を表していますか。　1つ6点→12点

たてじく…（来客数）

横じく……（時こく）

たてじくは人数、横じくは時間も正《せい》解《かい》です。

③ 表を見ながら、パン屋の来客数の変《か》わり方を、折《お》れ線グラフに表しましょう。　16点

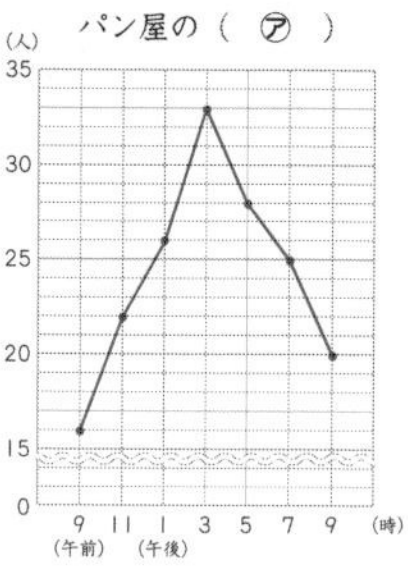

4 下の表は、りおさんのクラスで、トマトとピーマンが好《す》きかきらいかを調べてまとめたものです。　1つ6点→12点

野菜《やさい》の好《す》ききらい調べ（人）

		ピーマン 好《す》き	ピーマン きらい	合計
トマト	好《す》き	13	5	18
トマト	きらい	3	17	20
合計		16	22	38

① トマトが好《す》きでピーマンがきらいな人は何人ですか。

（　5人　）

② りおさんのクラスは全部で何人ですか。

（　38人　）

算数

7 角の大きさ

月　日

とく点　　点

シール

1 次の角の大きさは、それぞれ何度ですか。 1つ5点→30点

①　②　③

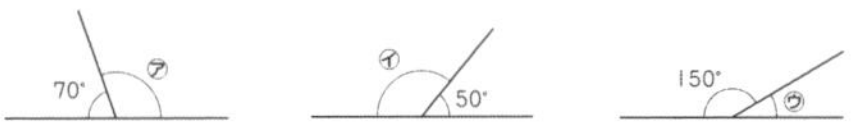

㋐（ 110° ）　㋑（ 130° ）　㋒（ 30° ）

④　⑤　⑥

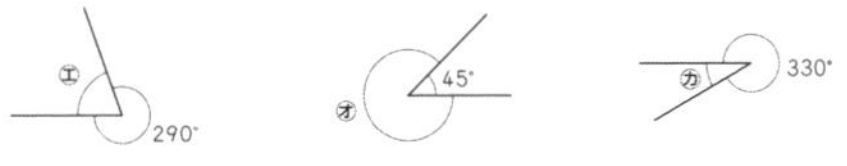

㋓（ 70° ）　㋔（ 315° ）　㋕（ 30° ）

2 次の角の大きさは、それぞれ何度ですか。 1つ5点→30点

①　②　③

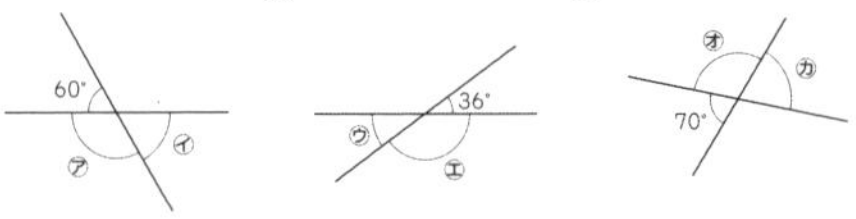

㋐（ 120° ）　㋒（ 36° ）　㋔（ 110° ）

㋑（ 60° ）　㋓（ 144° ）　㋕（ 70° ）

3 分度器《ぶんどき》を使って、次の角度を調べましょう。 1つ5点→15点

①　②　③

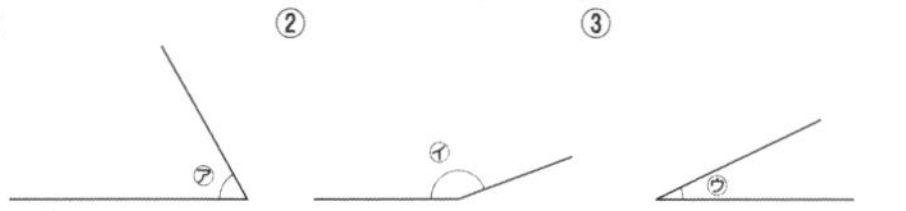

㋐（ 60° ）　㋑（ 160° ）　㋒（ 25° ）

4 分度器《ぶんどき》と定規《じょうぎ》を使い、点アをちょう点として↖の向きに、次の大きさの角をかきましょう。 1つ5点→10点

① 55°　② 200°

5 分度器《ぶんどき》と定規《じょうぎ》を使い、左下のような三角形をかきましょう。 15点

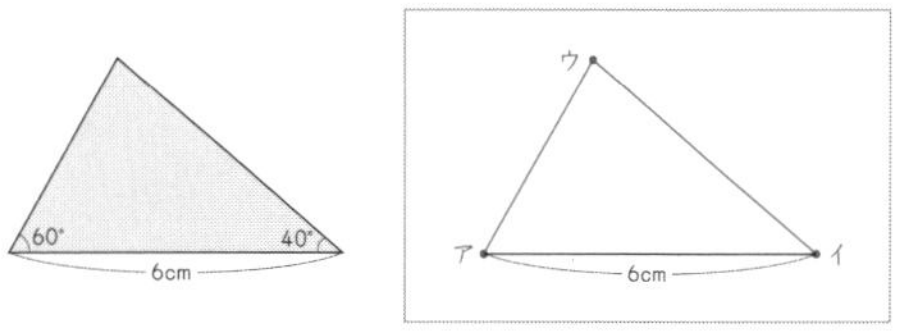

※かき方は「学習のアドバイス」を読みましょう。

学習のアドバイス

5 わり算（3）

2けたの数でわるわり算の筆算は、商《しょう》を予想して大きい位《くらい》から順《じゅん》に計算します。引けないときは商《しょう》を小さくしてみましょう。予想した商《しょう》が大きすぎたときは、1ずつ小さくして、商《しょう》が小さすぎたときは、1ずつ大きくしてみましょう。

学習のアドバイス

6 折《お》れ線グラフと表

折《お》れ線グラフは、変《か》わり方の様子を表します。線のかたむきが急であるほど、変《か》わり方が大きいことを表しています。3 ③のグラフをかく問題では、横じくとたてじくのめもりに気をつけながら、先に点をうって、その点を直線で結《むす》びましょう。

学習のアドバイス

7 角の大きさ

角の大きさの単位《たんい》は「°（度《ど》）」で、90°は「直角」といいます。角の大きさは辺《へん》の長さと関係《かんけい》がなく、辺《へん》の開きぐあいで決まります。分度器《ぶんどき》を使うときは、角の頂点《ちょうてん》に合わせること、1つの辺《へん》に分度器《ぶんどき》の0°の線を合わせることが大切です。

4 の②のように、180°より大きい角度を書くときは、360°－200°＝160°と計算して、160°の角を直線の下側《したがわ》に書きます。5 は、点アを中心として60°の角をはかり、直線をひきます。次に、点イを中心に40°の角をはかり直線をひき、交わったところを点ウとします。

算数 8 がい数（およその数）

月　日

四捨五入《ししゃごにゅう》をして
がい数（およその数）
を求《もと》めよう！

とく点　点

シール

1 次の数の千の位《くらい》を四捨五入《ししゃごにゅう》して、一万の位《くらい》までのがい数にしましょう。 1つ4点→16点

① 349721（ 350000 ）

② 721480（ 720000 ）

③ 188234（ 190000 ）

④ 447725（ 450000 ）

いくつまでのがい数にするかの指示《しじ》を間《ま》違《ちが》えないようにしましょう。

2 次の数を四捨五入《ししゃごにゅう》して、上から1けたのがい数にしましょう。 1つ4点→16点

① 18250（ 20000 ）　② 47214（ 50000 ）

③ 36821（ 40000 ）　④ 24027（ 20000 ）

3 四捨五入《ししゃごにゅう》して、上から2けたのがい数にしたとき、330になる整数をすべて書きましょう。 全部書けて10点

（ 325、326、327、328、329、
330、331、332、333、334 ）

4 次の数を四捨五入《ししゃごにゅう》して、(　　) の中の位《くらい》までのがい数で答えましょう。 1つ4点→48点

① 6832450

（十万） 6800000

（一万） 6830000

（千） 6832000

② 2851327

（十万） 2900000

（一万） 2850000

（千） 2851000

③ 1947211

（十万） 1900000

（一万） 1950000

（千） 1947000

④ 7637439

（十万） 7600000

（一万） 7640000

（千） 7637000

5 四捨五入《ししゃごにゅう》して、上から2けたの数が150になる整数はどこからどこまでですか。数直線に印《しるし》をつけましょう。 10点

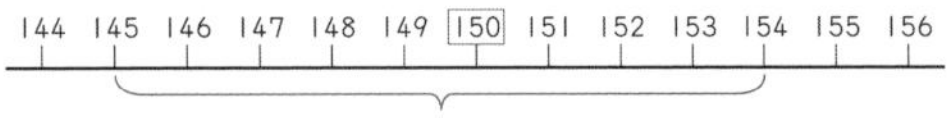

144
145
146
147
148
149
150
151
152
153
154
155
156

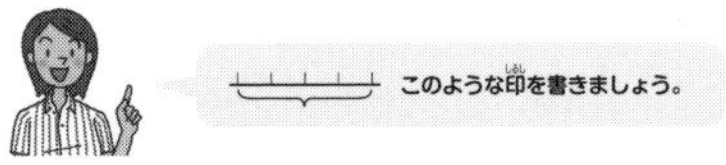

このような印《しるし》を書きましょう。

算数 9 小数（1）

月　日

小数の表し方や
大きさの問題に
チャレンジしよう！

とく点　点

シール

1 下の数直線の□にあてはまる長さを、小数で書きましょう。 1つ5点→20点

①

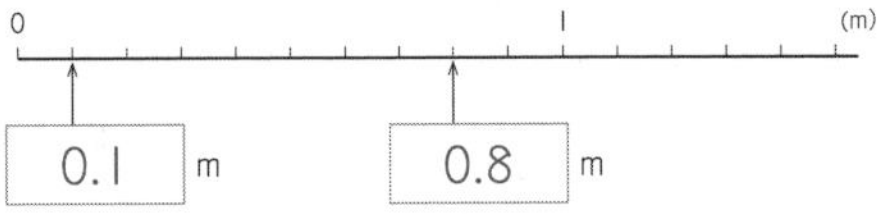

0
1
(m)

0.1 m　0.8 m

②

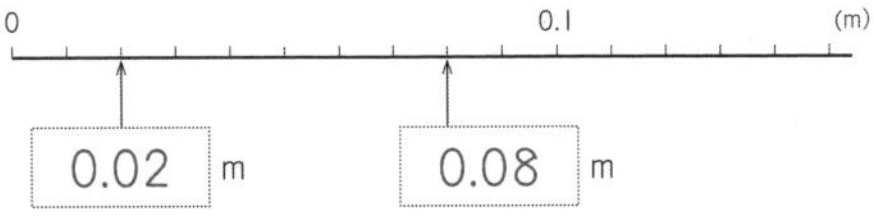

0
0.1
(m)

0.02 m　0.08 m

2 次の2つの数をくらべて、大きいほうを◯でかこみましょう。 1つ5点→25点

① （ 1.8 、(2.1) ）　② （ (9.1) 、8.9 ）

③ （ (3.7) 、3.68 ）　④ （ 0.14 、(1.04) ）

⑤ （ 0.09 、(1) ）

それぞれに、
1、0.1、0.01が
何こあるかを考えて
くらべてみよう！

3 8.32について□にあう数を書きましょう。 1つ5点→20点

① 8と 0.32 を合わせた数です。

② 0.01を 832 こ集めた数です。

③ 小数第一位《だいいちい》の数字は 3 です。

④ 小数第二位《だいにい》の数字は 2 です。

4 次の数字を書きましょう。 1つ5点→35点

① 0.5と0.05を合わせた数（ 0.55 ）

② 7と0.4と0.02を合わせた数（ 7.42 ）

③ 0.01を9こ集めた数（ 0.09 ）

④ 0.01を36こ集めた数（ 0.36 ）

⑤ 0.01を208こ集めた数（ 2.08 ）

⑥ 0.1を2こ、0.01を9こ集めた数（ 0.29 ）

⑦ 1を4こ、0.1を8こ、0.01を3こ集めた数（ 4.83 ）

算数 10 月　日

小数（2）

小数点の位置《いち》に
気をつけて、たし算の
問題に答えよう！

とく点　　点　シール

1 次の計算をしましょう。　1つ4点→16点

① 0.4＋0.1＝0.5　② 0.52＋0.31＝0.83

③ 0.2＋0.75＝0.95　④ 1.55＋1.43＝2.98

2 次の計算を、筆算でしましょう。　1つ4点→32点

①
  2.02
＋4.51
  6.53

②
  3.63
＋1.84
  5.47

③
  8.28
＋1.19
  9.47

④
  6.37
＋3.91
 10.28

⑤
  7.13
＋2.87
 10.00

⑥
  2.65
＋5.68
  8.33

⑦
  3.74
＋4.88
  8.62

⑧
  9.574
＋2.697
 12.271

3 次の計算をしましょう。　1つ4点→16点

① 15.2＋1.57＝16.77　② 23.12＋4.55＝27.67

③ 31.4＋22.32＝53.72　④ 61.34＋25.21＝86.55

4 次の計算を、筆算でしましょう。　1つ4点→16点

①
  18.45
＋34.13
  52.58

②
  49.36
＋28.75
  78.11

③
  26.8
＋ 5.63
  32.43

④
  34.75
＋15.96
  50.71

5 19.56cm のリボンと、24.87cm のリボンがあります。2 本のリボンを合わせると、何 cm になりますか。　式7点、筆算6点、答え7点→20点

式　19.56＋24.87＝44.43

答え（ 44.43cm ）

筆算

  19.56
＋24.87
  44.43

20 算数4年　　算数4年 21

8 がい数（およその数）　学習のアドバイス

数量の前に「およそ～」、「約《やく》～」などと表した数を「がい数」といいます。**1**のように、一万の位《くらい》までのがい数にするときは、千の位《くらい》に注目します。千の位《くらい》が「0、1、2、3、4」のときは切り捨《す》て、「5、6、7、8、9」のときは切り上げて、あとは 0 にします。①の「349721」は、千の位《くらい》が 9 なので切り上げて、一万の位《くらい》が 4 から 5 になり「350000」となります。答えを書き終わったら、位《くらい》のミス、0 の過不足《かぶそく》がないかを確認《かくにん》しましょう。

9 小数（1）　学習のアドバイス

1L を 10 等分した 1 こ分のかさが、0.1L で、1L を 100 等分した 1 こ分のかさが、0.01L です。小数点の左にある数字が一の位《くらい》で、小数点の右にある数から順《じゅん》に小数第一《しょうすうだいいち》位《い》、小数第二《だいに》位《い》となります。

10 小数（2）　学習のアドバイス

小数のたし算の筆算は、整数のたし算の筆算と同じように、位《くらい》をたてにそろえて書いて計算します。答えの小数点は、上の小数点にそろえてうちます。**2**の⑤「10.00」のように、10.00 より下の位《くらい》に数がないときは、小数点も 0 も消します。

算数 11 小数（3）

月　日

小数点の位置《いち》に
気をつけて、ひき算の
問題に答えよう！

とく点　　点

シール

1 次の計算をしましょう。　1つ4点→16点

① 0.9 − 0.7 = 0.2　② 5.28 − 1.15 = 4.13

③ 3.83 − 2.5 = 1.33　④ 8.75 − 4.34 = 4.41

2 次の計算を、筆算でしましょう。　1つ4点→32点

①
```
  3.5 6
− 1.4 3
  2.1 3
```

②
```
  6 14
  7.4 2
− 3.6 1
  3.8 1
```

③
```
  3 12 15
  4.3 5
− 1.8 6
  2.4 9
```

④
```
  5 18 13
  6.9 3
− 3.9 4
  2.9 9
```

⑤
```
  4 11 10
  5.2 0
− 4.4 7
  0.7 3
```

⑥
```
  2.8 7
− 1.5 4
  1.3 3
```

⑦
```
  6 10 14
  7.1 4
− 3.2 6
  3.8 8
```

⑧
```
  8 12 15 12
  9.3 6 2
− 7.9 8 6
  1.3 7 6
```

3 次の計算をしましょう。　1つ4点→16点

① 25.53 − 4.2 = 21.33　② 84.35 − 22.12 = 62.23

③ 17.22 − 0.12 = 17.1　④ 36.79 − 25.31 = 11.48

4 次の計算を、筆算でしましょう。　1つ4点→16点

①
```
  4 3.5 8
− 2 1.3 4
  2 2.2 4
```

②
```
  4 11 12 11
  5 2.3 1
− 2 7.4 5
  2 4.8 6
```

③
```
  1 17 11 10
  2 8.2 0
−   9.5 7
  1 8.6 3
```

④
```
  8 11 10
  9 2.0 4
− 4 7.2 3
  4 4.8 1
```

5 60L の水そうに、45.58L の水を入れました。あと何 L の水を入れることができますか。　式7点、筆算6点、答え7点→20点

式 60 − 45.58 = 14.42

答え（ 14.42L ）

筆算
```
  5 9 9 10
  6 0.0 0
− 4 5.5 8
  1 4.4 2
```


算数 12 まとめ

月　日

今までの問題の
おさらいをしましょう！

とく点　　点

シール

1 次の計算をしましょう。また、あまりがあるときは、あまりも書きましょう。　1つ3点→18点

① 28 ÷ 2 = 14　② 78 ÷ 9 = 8　あまり 6

③ 66 ÷ 4 = 16　あまり 2　④ 90 ÷ 5 = 18

⑤ 170 ÷ 5 = 34　⑥ 425 ÷ 3 = 141　あまり 2

2 次の計算をしましょう。　1つ3点→6点

① 80 億《おく》 + 13 億《おく》 = 93 億　② 78 兆《ちょう》 − 41 兆《ちょう》 = 37 兆

3 次の角の大きさは何度ですか。　1つ5点→20点

①

㋐

㋐（ 180° ）

②

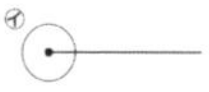

㋑

㋑（ 360° ）

③

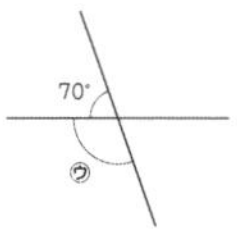

70°
㋒

㋒（ 110° ）

④

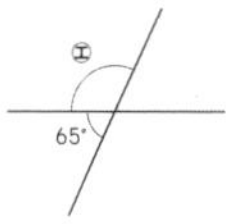

㋓
65°

㋓（ 115° ）

4 次の計算をしましょう。　1つ4点→32点

① 5.24 + 1.32 = 6.56　② 7.86 − 2.54 = 5.32

③ 9.47 − 0.26 = 9.21　④ 62.7 + 2.28 = 64.98

⑤
```
   1 1 1
  3 7.3 5
+   6.6 5
  4 4.0 0
```

⑥
```
  5 11 10 13
  6 2.1 3
− 1 3.5 7
  4 8.5 6
```

⑦
```
  6 10
  1 9.7 0
−   9.5 3
  1 0.1 7
```

⑧
```
   1 1 1
  2 5.2 6 9
+ 3 0.9 6 8
  5 6.2 3 7
```

5 下の表は、よしきさんの体重を調べたものです。　1つ8点→24点

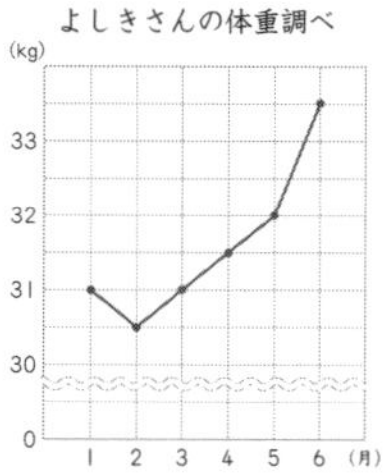

よしきさんの体重調べ
(kg)
33
32
31
30
0
1
2
3
4
5
6
(月)

① 1 めもりの単位《たんい》は何 kg ですか。

（ 0.5kg ）

② 4 月の体重は何 kg ですか。

（ 31.5kg ）

③ いちばん体重が少なかったのは何月ですか。

（ 2月 ）

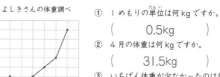

12 国語 都《と》道《どう》府《ふ》県《けん》の漢字

月　日

わたしたちの住む、日本の都《と》道《どう》府《ふ》県《けん》に用いる漢字を学ぼう！

とく点　　点

シール

1 ――の漢字の読みがなを（　）に書きましょう。　1つ5点・85点

① 宮城県（みやぎ）
② 茨城県（いばらき）
③ 栃木県（とちぎ）
④ 新潟県（にいがた）
⑤ 群馬県（ぐんま）
⑥ 埼玉県（さいたま）
⑦ 静岡県（しずおか）
⑧ 富山県（とやま）
⑨ 岐阜県（ぎふ）
⑩ 滋賀県（しが）
⑪ 大阪府（おおさか）
⑫ 香川県（かがわ）
⑬ 徳島県（とくしま）
⑭ 愛媛県（えひめ）
⑮ 宮崎県（みやざき）
⑯ 熊本県（くまもと）
⑰ 沖縄県（おきなわ）

2 次の都《と》道《どう》府《ふ》県《けん》の正しい漢字に○をつけましょう。　1つ3点・15点

㋐ やまなしけん　山 { 梨（○）・無 } 県
㋑ ふくいけん　福 { 井（○）・衣 } 県
㋒ ならけん　{ 菜・奈（○） } 良県
㋓ さがけん　{ 左・佐（○） } 賀県
㋔ かごしまけん　{ 鹿（○）・貨 } 児島県

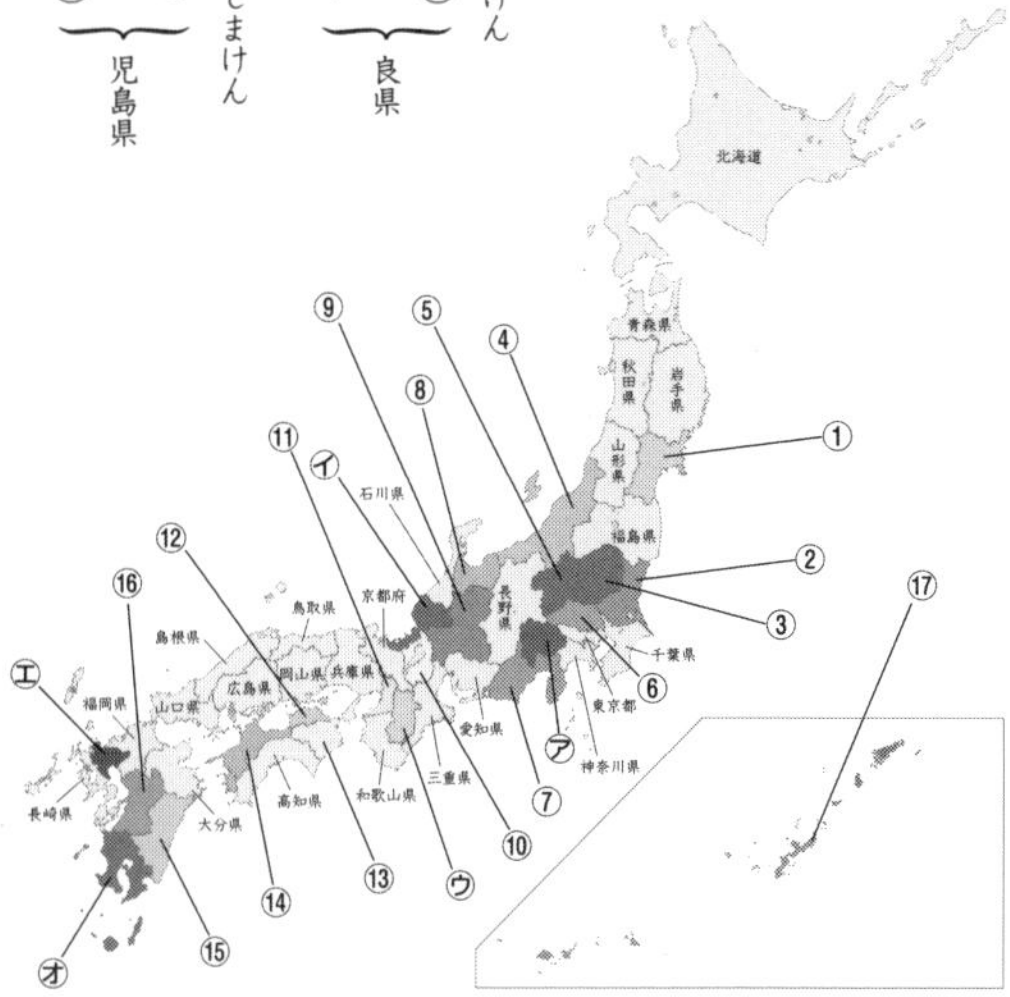

学習のアドバイス

11 小数（3）

小数のひき算の筆算は、整数のひき算の筆算と同じように、位《くらい》をたてにそろえて書いて計算します。最《さい》後《ご》に答えの小数点をうち忘《わす》れていないか、確認《かくにん》しましょう。

学習のアドバイス

12 まとめ

直線は「180°」、1回転した角は「360°」です。**3**の③と④の問題では、それをもとに計算します。また、三角定規《じょうぎ》の角の大きさ「30°、45°、60°、90°」も覚《おぼ》えておきましょう。

学習のアドバイス

12 都《と》道《どう》府《ふ》県《けん》の漢字

都《と》道《どう》府《ふ》県《けん》名にどんな漢字が使われているのか、興味《きょうみ》をもちながら取り組みましょう。画数が多い難《むずか》しい漢字もありますが、この夏休みの期間では正確《せいかく》に読む力を身につけて、書きとりは三学期の終わりまでに習得《しゅうとく》することを目指しましょう。

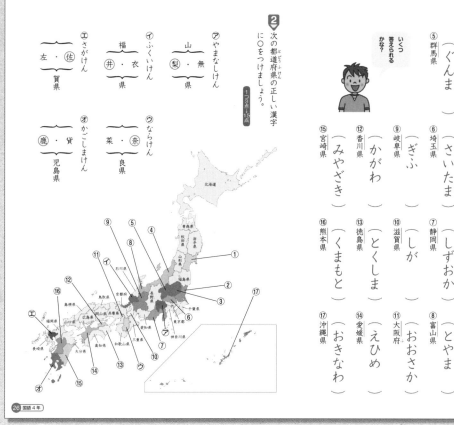

つなぎ言葉

月　日

とく点　　点

シール

1 次の文の□にあてはまる「つなぎ言葉」を□の中から選《えら》んで書きましょう。 1つ8点・24点

① わたしは犬が好《す》きです。 だから 、しょう来はトリマーになりたいです。

② 今日の天気は雨の予ほうでした。 しかし 、空はとても晴れています。

③ 駅にとう着しました。 すると 、ホームに電車がきました。

しかし・だから・すると

2 次の文の□にあてはまる「つなぎ言葉」を□の中から選《えら》んで書きましょう。 1つ8点・24点

① 今回のテストは自信《じしん》がありませんでした。 ところが 、とても良《よ》い点数をとれていました。

② 母の日のプレゼントをさがしています。 それで 、今日花屋に来ました。

③ いちご味がいいですか。 それとも 、りんご味がいいですか。

それで・それとも・ところが

3 次の文が正しくなるように、「つなぎ言葉」を選《えら》び○をつけましょう。 1つ4点・16点

① 大福をもらった｛から／**けれど**｝、すぐには食べませんでした。

② 量《りょう》が多かった｛**から**／のに｝、半分弟にあげました。

③ 新しい筆箱を買った｛**のに**／ので｝、なくしてしまいました。

④ のどがかわいた｛けれど／**ので**｝、コップに水を入れて飲みました。

4 「つなぎ言葉」を使って、上の文と下の三つの文をつなぎます。①②それぞれ、□の中の㋐㋑㋒から選《えら》んで、（　）に記号を書きましょう。 1つ6点・36点

① 勉強をしました。
- （㋒）、今日のごはんは何ですか。
- （㋐）、わからない問題があったからです。
- （㋑）、わからないままです。

② くつを買いました。
- （㋑）、今日は、はきません。
- （㋒）、あなたは何色のくつが好《す》きですか。
- （㋐）、はいていたくつが小さくなったからです。

㋐なぜなら　㋑しかし　㋒ところで

学習のアドバイス

8 慣用句《かんようく》・ことわざ

慣用句《かんようく》は、「頭を＋冷《ひ》やす（意味：落ち着きを取り戻《もど》す）」のように二つ以上《いじょう》の言葉が結《むす》びつき、もとの意味とは違《ちが》う意味を表す言葉です。ことわざは、生きていくうえで役立つ教えを短い言葉に表した言葉です。面白さを感じて、意味を覚《おぼ》えるだけでなく普段《ふだん》から適切《てきせつ》に使えるようにしましょう。

学習のアドバイス

10 指ししめす言葉

私《わたし》たちは普段《ふだん》から「こ・そ・あ・ど」から始まる言葉を多く使っています。例《たと》えば「これ・この」などは自分に近いものを指し、「そこ・その」などは相手に近いものを指し、「あれ・あの」は自分からも相手からも遠いものを指します。指ししめす内容によって、適《てき》切《せつ》に使い分けましょう。

学習のアドバイス

11 つなぎ言葉

「わたしは犬が好《す》きです。→将来《しょうらい》はトリマーになりたいです。」と前の事柄《ことがら》が原因《げんいん》で結果《けっか》があとにくる場合、「だから」「それで」などの順接《じゅんせつ》を使います。「今回のテストは自信《じしん》がありませんでした。→とてもいい点数がとれていました。」と前の事柄《ことがら》と逆の事柄《ことがら》が後ろにくる場合、「ところが」「しかし」などの逆接《ぎゃくせつ》を使います。

8 国語 慣用句《かんようく》・ことわざ

月　日

昔の人のちえがつまった、
慣用句《かんようく》やことわざを学んで、
言葉をゆたかにしましょう！

とく点　　点

シール

1 （　）に入る慣用句《かんようく》を□の中から選《えら》んで記号で書き、文を完成《かんせい》させましょう。　1つ5点・25点

①けんかのあと、一人になって（㋑）。
②おどろいて、思わず（㋓）。
③とてもはずかしく、（㋐）。
④たくさん練習して（㋒）。
⑤あまりにもおいしくて（㋔）。

㋐顔から火が出る　㋑頭を冷《ひ》やす
㋒うでをみがく　㋓腰《こし》がぬける
㋔ほっぺたが落ちる

2 □にあてはまる言葉を□の中から選《えら》んで、文を完成《かんせい》させましょう。　1つ5点・20点

①兄は足が速いので、競走《きょうそう》をしてもわたしはまるで［歯］が立たない。
②つい［口］がすべり、ひみつを話してしまった。
③何度も同じことを言われ、［耳］にたこができた。
④たん生日プレゼントがもらえるのを、［首］を長くして待つ。

口・首・歯・耳

3 次の文の意味に合うことわざを□の中から選《えら》んで、記号を書きましょう。　1つ5点・25点

①（㋓）急いでいるときは、時間がかかっても、安全でかく実な方法《ほうほう》をとるほうが良《よ》い。
②（㋐）どんな上手な人でも、時には失敗《しっぱい》することもある。
③（㋒）二つあるものが、形はにていても大きく差《さ》がある。
④（㋔）相手に勝ちをゆずったほうが、かえって良《よ》い結果《けっか》になることがある。
⑤（㋑）小さすぎるよりは大きいほうが、使い道があるから良《よ》い。

㋐河童《かっぱ》の川流《かわなが》れ　㋑大《だい》は小《しょう》をかねる
㋒月《つき》とすっぽん　㋓急《いそ》がば回《まわ》れ
㋔負《ま》けるが勝《か》ち

4 □にあてはまる漢数字を書いて、次のことわざを完成《かんせい》させましょう。　1つ5点・30点

（例《れい》）天《てん》は［二］物《ぶつ》を与《あた》えず

①［一］寸《すん》先は闇《やみ》
②［九］死に一生を得《え》る
③［七］転び［八］起き
④石の上にも［三］年
⑤［二］階から目薬

9 国語 ていねいな言葉

月　日

ていねいな言葉づかいは、
生活のなかで役立ちます。

とく点　　点

シール

1 次の文の――の言葉が、「ていねいな言葉」になっているものはどれでしょう。なっているものには○を、なっていないものには×を（　）に書きましょう。　1つ12点・48点

①お客様におみやげをもらった。……（×）
②校長室に行きます。…………（○）
③先生の作品を見ました。…………（○）
④市長に自分の名前を言った。……（×）

2 次の文の――の言葉を「ていねいな言葉」に直しましょう。　1つ13点・52点

（例《れい》）明日の給食《きゅうしょく》が楽しみだ。（楽しみです）

①毎朝七時に起きている。（起きています）
②友人に手紙を書く。（書きます）
③昨日《きのう》は博物館《はくぶつかん》に行った。（行きました）
④飯《めし》を食べます。（ご飯）

10 国語 指ししめす言葉

月　日

文の意味のつながりに
気をつけて答えよう！

とく点　　点

シール

1 次の文の□にあてはまる「指ししめす言葉」を、□の中から選《えら》んで書きましょう。　1つ12点・48点

①［ここ］で、立ち止まります。
②［この］かばんは、姉のものです。
③わたしは［そう］思います。
④［これ］は、買ったばかりのえん筆です。

これ・この・ここ・そう

2 次の文の――の言葉がしめしている内容を、（　）に書きましょう。　1つ13点・52点

①図書館で本を借《か》りました。そこには多くの本がありました。
（図書館）
②道の向こう側《がわ》に、青い屋根の家が建《た》っています。あれは、ぼくの家です。
（青い屋根の家）
③手紙を書きました。明日これを、友人にとどけます。
（手紙）
④先週、漢字のテストがありました。それは、今日返される予定です。
（漢字のテスト）

漢字辞典《じてん》の使い方

月　日

漢字辞典《じてん》には、いろいろな調べる方法があったね。かくにんしよう！

とく点　　点

シール

1 総画《そうかく》引きのポイントを読んで、次の問題に答えましょう。（1つ5点・40点）

総画《そうかく》引きのポイント
総画《そうかく》さくいんでは、漢字の総画数《そうかくすう》の少ないものから、順《じゅん》にならんでいます。読み方も部首もわからないときに使います。

次の漢字の総画数《そうかくすう》を書きましょう。

①各（6）画　②反（4）画
③書（10）画　④道（12）画
⑤選（15）画　⑥札（5）画
⑦芸（7）画　⑧塩（13）画

2 次の漢字を「総画《そうかく》さくいん」で出てくる順《じゅん》にならべかえましょう。（1つ10点・20点）

① 栄・主・黒・佐
（主→佐→栄→黒）

② 世・街・児・工
（工→世→児→街）

3 部首引きのポイントを読んで、次の問題に答えましょう。（1つ5点・20点）

部首引きのポイント
部首がわかっているときに使います。まず、部首の画数を数えて、部首さくいんで見つけます。そのページを開くと、同じ部首の漢字が、画数順《じゅん》にならんでいます。

次の漢字を「部首さくいん」で調べるとき、どの部首で調べればよいですか。□から選《えら》んで（　）に記号を書きましょう。

①海（㋑）　②給（㋒）
③議（㋐）　④位（㋓）

㋐ごんべん　㋑さんずい
㋒いとへん　㋓にんべん

4 音訓《おんくん》引きのポイントを読んで、次の問題に答えましょう。（1つ5点・20点）

音訓《おんくん》引きのポイント
音《おん》か訓《くん》の読み方がわかっているときに使います。「音訓《おんくん》さくいん」には、読み方が五十音順《じゅん》にならんでいます。

次の漢字を「音訓《おんくん》さくいん」の訓読《くん》みで調べるとき、先に出てくるほうを選んで、（　）に○をつけましょう。

①（　）花　（○）草
②（○）新　（　）古
③（　）笑　（○）泣
④（○）海　（　）山

学習のアドバイス

5 漢字の読み書き（2）

1 同じ読み方をする漢字でも、それぞれ違《ちが》う意味があります。熟語《じゅくご》の意味を考えて、あてはまる漢字を書きましょう。**2** ④のように、「然」でも、「自」がつくと「自然《しぜん》」、「天」がつくと「天然《てんねん》」というように読み方が変《か》わります。熟語《じゅくご》は音《おん》読みどうし、訓《くん》読みどうし、音《おん》読みと訓《くん》読みを合わせたものなど様々です。

学習のアドバイス

6 説明文《せつめいぶん》の読みとり

まず一通り読んで、何について書いてあるか「話題」をつかみます。ここでは、「ホタル」「光る」「合図」などから説明文《せつめいぶん》の内容《ないよう》をつかみましょう。次に、段落《だんらく》ごとに書かれている内容《ないよう》を整理します。「でも」や「ところで」など、段落《だんらく》の初《はじ》めにある「つなぎ言葉」に注目し、どうしてホタルは光るのか、オスとメスとの違《ちが》い、西日本と東日本のゲンジボタルの違《ちが》いなどを読みとりましょう。

学習のアドバイス

7 漢字辞典《じてん》の使い方

「総画《そうかく》さくいん」は、調べたい漢字の総画数《そうかくすう》、「部首さくいん」は、調べたい漢字の部首の画数を数えて調べます。**1** ④「道」のしんにょうは3画です。間違《まちが》いやすいので気をつけましょう。**4** ①では、「花」の訓《くん》読みは「はな」、「草」の訓《くん》読みは「くさ」なので、五十音順《じゅん》で先に出てくる「草」が先になります。

5 国語 漢字の読み書き(2)

月　日

ちがいに気をつけて答えてみよう!

とく点　点

シール

1 意味のちがいに注意して、同じ読み方をする漢字を□に書きましょう。（1つ3点→60点）

① ㋐ 配《はい》管《かん》　㋑ 完《かん》結《けつ》

② ㋐ 給《きゅう》食《しょく》　㋑ 要《よう》求《きゅう》

③ ㋐ 各《かく》種《しゅ》　㋑ 味《み》覚《かく》

④ ㋐ 位《い》置《ち》　㋑ 以《い》上《じょう》

⑤ ㋐ 季《き》節《せつ》　㋑ 希《き》望《ぼう》　㋒ 世界の国《こっ》旗《き》。

⑥ ㋐ 不《ふ》安《あん》　㋑ 富《ふ》士山《じさん》　㋒ 付《ふ》録《ろく》

⑦ ㋐ 参《さん》加《か》　㋑ 課《か》題《だい》　㋒ 貨《か》物列車《もつれっしゃ》

⑧ ㋐ 例《れい》題《だい》　㋑ 号《ごう》令《れい》　㋒ 冷《れい》ぞう庫《こ》

2 次の漢字の読みがなを書きましょう。（1つ2点→16点）

① ㋐ 達成（たっせい）　㋑ 速達（そくたつ）

② ㋐ 便利（べんり）　㋑ 便乗（びんじょう）

③ ㋐ 相手（あいて）　㋑ 相談（そうだん）

④ ㋐ 自然（しぜん）　㋑ 天然（てんねん）

3 次の漢字の読みがなを書きましょう。（1つ3点→24点）

① 消　（き）える。　（け）す。

② 苦　（くる）しい。　（にが）い。

③ 覚　（さ）ます。　（おぼ）える。

④ 全　（まった）く。　（すべ）て。

6 国語 説明文《せつめいぶん》の読みとり

月　日

ホタルについての説明文《せつめいぶん》だよ。どんなことを説明《せつめい》しているかな。

とく点　点

シール

1 次の説明文《せつめいぶん》を読んで、問題に答えましょう。

　ホタルは、あわい緑色の光が、すーっと動いたり、草むらでぼんやり光ったりして、とてもきれいです。光っているのは、おしりの先っぽです。ここに発光器《はっこうき》という光る部分があります。発光器《はっこうき》では、ルシフェリンという光のもとになる物しつがつくられます。ルシフェリンに、ルシフェラーゼという、こうそが働《はたら》いて、光が生まれます。

　でも、どうしてホタルは光るのでしょうか。ホタルの光は、オスとメスとが結《けっ》こん相手をさがすための合図です。オスの発光器《はっこうき》は、メスよりも大きいので、強い光が出ます。太陽がしずむと、オスは発光《はっこう》器《き》を光らせながら飛《と》びます。「およめさん、ぼ集中!」という合図を光で送っているのです。

　メスは、ほとんど飛《と》びません。草や木の葉にとまっています。力強く光りながら飛《と》んでいるオスを見たメスは、「およめさんになります!」と光を送ります。葉の上のあわい光を見つけたオスは、すぐにメスがいるとわかるのです。

　ホタルはたまごのときから光ります。よう虫もさなぎも光ります。よう虫は、てきが近よってきたら、光っておどろかせるのではないかと考えられています。

　ところで、関西《かんさい》の人と関《かん》東《とう》の人で、方言があるように、ホタルにも方言があります。日本の代表的なホタルであるゲンジボタルのオスが、ぴかぴかと光る、その回数を数えてみたのです。

　西日本のゲンジボタルは、八秒間に四回、「ぴか、ぴか、ぴか、ぴか」。東日本は、もっとゆっくりで八秒間に二回、「ぴかー、ぴかー」。

　関西《かんさい》の人は、早口でおしゃべりなんていわれますね。ホタルもそうなのでしょうか。みなさんのすんでいるところのホタルは、関西《かんさい》べんと関東《かんとう》べん、どちらの方言で光っているでしょうか。

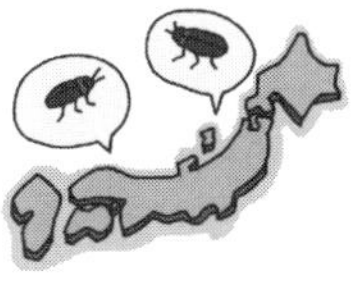

① 光る部分があるのは、ホタルの体のどこですか。文章中から七字でぬき出して答えましょう。（20点）

おしりの先っぽ

② ホタルが光るのは、どんな合図をするためですか。正しいものに○をつけましょう。（10点）

㋐（　）食べ物をさがすための合図。

㋑（○）結《けっ》こん相手をさがすための合図。

㋒（　）太陽がしずんだという合図。

③ オスとメスのとくちょうを、下から選《えら》んで線で結《むす》びましょう。（1つ10点→20点）

オス ―― 力強く光りながら飛《と》ぶ。

メス ―― 葉の上であわい光を送る。

④ よう虫が光るのは、どんな理由だと考えられていますか。（25点）

（例《れい》）てきが近よってきたらおどろかせるため。

⑤ 西日本と東日本のオスのゲンジボタルでは、何がちがうと書かれていますか。（25点）

（例《れい》）ぴかぴかと光る回数。

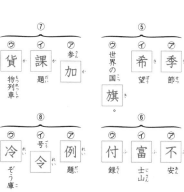

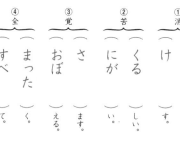

4 国語 漢字の読み書き(1)

月　日

4年生で習う漢字の読み書きにチャレンジしよう！

とく点　　点

シール

1 ――の漢字の読みがなを書きましょう。（1つ2点→16点）

① 健康（けんこう）　② 成功（せいこう）
③ 希望（きぼう）　④ 選挙（せんきょ）
⑤ 約束（やくそく）　⑥ 天候（てんこう）
⑦ 栄養（えいよう）　⑧ 参加（さんか）

2 □に漢字を書きましょう。（1つ4点→20点）

① くつのひもを［結《むす》］ぶ。
② 病気を［治《なお》］す。
③ 野《や》［菜《さい》］の［種《たね》］をまく。
④ 医りょう用の電子［機《き》］［器《き》］。

3 ――の漢字の読みがなを書きましょう。（1つ2点→20点）

① 願望（がんぼう）　② 街灯（がいとう）
③ 無念（むねん）　④ 失敗（しっぱい）
⑤ 季節（きせつ）　⑥ 必要（ひつよう）
⑦ 伝票（でんぴょう）　⑧ 労働（ろうどう）
⑨ 底辺（ていへん）　⑩ 試験（しけん）

4 □に漢字を書きましょう。（1つ4点→44点）

① ［縄《なわ》］とびの回数を記《き》［録《ろく》］する。
② 西《にし》［側《がわ》］に家が［建《た》］つ。
③ ［鏡《かがみ》］を見る。
④ ［松《まつ》］の木と［梅《うめ》］の木。
⑤ 朝顔の［芽《め》］を［観《かん》］［察《さつ》］する。
⑥ 先生が学年［便《だよ》］りを［印《いん》］［刷《さつ》］する。

40 国語4年　　国語4年 41

学習のアドバイス

2 漢字の組み立て(2)

部首の意味を理解《りかい》しておくと、漢字の意味も予想しやすくなり、漢字を覚《おぼ》えるヒントにもなります。例《たと》えば**3**の①「てへん」の漢字は、「拾う」「薬指」「折《お》り紙」と、手に関係《かんけい》がある漢字が多くあります。今まで習った漢字やこれから習う漢字は、同じ部首をもつ漢字ごとに整理しておきましょう。

学習のアドバイス

3 物語の読みとり

⑤の言葉の意味を問う問題では、ごんの気持ちを前後の文章から読みとりましょう。「ぬるぬるとすべりぬけるので手ではつかめない」結果《けっか》、ごんは「頭をびくの中につっこむ」という行動を起こしています。あてはまる答えを選《えら》んだあとは、国語辞典《じてん》を使って調べて、もう一度意味を確認《かくにん》すると良《よ》いでしょう。

学習のアドバイス

4 漢字の読み書き(1)

熟語《じゅくご》を正しく読み書きするためには、それぞれの漢字の音訓《おんくん》をしっかり覚《おぼ》えておくことが大事です。今まで習った漢字や、これから習う漢字を夏休みの期間を利《り》用《よう》して確認《かくにん》しましょう。

漢字の組み立て(2)

部首の名前と、その部首をもつ漢字をかくにんしよう!

とく点　点

シール

1 かんむりの名前を答えましょう。また、□に漢字を書きましょう。（1つ2点→24点）

① 宀（かんむりの名前：うかんむり）
家《か》族《ぞく》を守《まも》る・安《あん》心《しん》

② 艹（かんむりの名前：くさかんむり）
落《らっ》下《か》・野《や》菜《さい》・青《あお》葉《ば》

③ ⺮（かんむりの名前：たけかんむり）
等《ひと》しい・季《き》節《せつ》・笑《え》顔《がお》

2 つくりの名前を答えましょう。また、□に漢字を書きましょう。（1つ2点→24点）

① 攵（つくりの名前：ぼくにょう）
教《きょう》室《しつ》・牧《ぼく》場《じょう》・散《さん》歩《ぽ》

「のぶん」「ぼくづくり」とも言います。

② 頁（つくりの名前：おおがい）
人《じん》類《るい》・順《じゅん》番《ばん》・願《ねが》い

③ 刂（つくりの名前：りっとう）
行《ぎょう》列《れつ》・利《り》用《よう》・別《べつ》人《じん》

3 へんの名前を答えましょう。また、□に漢字を書きましょう。（1つ2点→32点）

① 扌（へんの名前：てへん）
拾《ひろ》う・薬《くすり》指《ゆび》・折《お》り紙《がみ》

② 氵（へんの名前：さんずい）
海《かい》水《すい》浴《よく》・波《なみ》風《かぜ》・漁《ぎょ》業《ぎょう》

③ 亻（へんの名前：にんべん）
信《しん》じる・伝《でん》言《ごん》・健《けん》康《こう》

④ 言（へんの名前：ごんべん）
説《せつ》明《めい》・口《く》調《ちょう》・会《かい》議《ぎ》

4 次の部首をもつ漢字を、□の中からそれぞれ二つ選《えら》んで□に書きましょう。（1つ2点→20点）

① くにがまえ → 園・固
② もんがまえ → 関・開
③ しんにょう → 遊・選
④ まだれ → 底・庫
⑤ こころ → 息・悲

関・底・息・遊・悲・園・選・庫・開・固

物語の読みとり

「ごんぎつね」を読んで、問題に答えましょう!

とく点　点

シール

1 次の物語を読んで、問題に答えましょう。

ふと見ると、川の中に人がいて、何かやっています。ごんは、見つからないように、そうっと草の深いところへ歩きよって、①そこからじっとのぞいて見ました。

「兵十《ひょうじゅう》だな。」

と、ごんは思いました。兵十《ひょうじゅう》はぼろぼろの黒いきものをまくし上げて、こしのところまで水にひたりながら、魚をとる、はりきりという、あみをゆすぶっていました。はちまきをした顔の横っちょうに、まるいはぎの葉が一まい、②大きなほくろみたいにへばりついていました。

しばらくすると、兵十《ひょうじゅう》は、はりきりあみの一ばんうしろの、ふくろのようになったところを、水の中からもち上げました。その中には、しばの根や、草の葉や、くさった木ぎれなどが、ごちゃごちゃはいっていましたが、でもところどころ、③白いものがきらきら光っています。それは、ふというなぎのはらや、大きなきすのはらでした。兵十《ひょうじゅう》は、びくの中へ、そのうなぎやきすを、ごみと一しょにぶちこみました。そしてまた、ふくろの口をしばって、水の中へ入れました。

兵十《ひょうじゅう》はそれから、びくをもって川から上がり、びくを土手においといて、何かをさがしにか、川上の方へかけていきました。

兵十《ひょうじゅう》がいなくなると、ごんは、ぴょいと草の中からとび出して、びくのそばへかけつけました。ちょいといたずらがしたくなったのです。ごんはびくの中の魚をつかみ出しては、はりきりあみのかかっているところの下手《しもて》の川の中を目がけて、ぽんぽんなげこみました。どの魚も、④「とぼん」と音を立てながらにごった水の中へもぐりこみました。

一ばんしまいに、太いうなぎをつかみにかかりましたが、何しろぬるぬるとすべりぬけるので、手ではつかめません。ごんは⑤じれったくなって、頭をびくの中につっこんで、うなぎの頭を口にくわえました。うなぎは、キュッと言って、ごんの首へまきつきました。そのとたんに兵十《ひょうじゅう》が、向こうから、

「うわァぬすとぎつねめ。」

と、どなりたてました。⑥ごんは、びっくりしてとびあがりました。うなぎをふりすててにげようとしましたが、うなぎは、ごんの首にまきついたままはなれません。ごんはそのまま横っとびにとび出して一生けん命に、にげていきました。

（「ごんぎつね」新美《にいみ》南吉《なんきち》）

① ①――「そこ」とは、どこのことですか。（15点）
㋐（　）川の中。
㋑（〇）草の深いところ。
㋒（　）兵十《ひょうじゅう》の家。

② ②――「大きなほくろみたい」に見えたものを、七字でぬき出しましょう。（15点）
まるいはぎの葉

③ ③――「白いもの」とありますが、それは何でしたか。（1つ10点→20点）
ふとい うなぎ のはらや、大きな きす のはら。

④ ④――「とぼん」という音は、何の音ですか。正しいものに〇をつけましょう。（15点）
㋐（　）びくの中の魚をつかむ音。
㋑（　）はりきりあみと魚がぶつかる音。
㋒（〇）なげこんだ魚が水の中へもぐりこむ音。

⑤ ⑤――「じれったくなって」の意味を表すほうに〇をつけましょう。（15点）
㋐（〇）思うようにならなくて、いらいらして。
㋑（　）初《はじ》めてのことで、どきどきして。

⑥ ⑥――ごんがびっくりしてとびあがったのはなぜですか。（20点）
（例《れい》）兵十がどなりたてたから。

別冊《べっさつ》

★取り外して使えます。

夏休みドリル 国語 解答《かいとう》とアドバイス

小学4年

おうちのかたへ

この別冊《べっさつ》は、問題の解答《かいとう》と問題のポイントをまとめた学習のアドバイスです。お子さんの勉強が終わったら答え合わせをして、正解《せいかい》には赤丸を大きくつけてあげてください。お子さんに説明《せつめい》しながら、もう一度確認《かくにん》しましょう。

学習のアドバイス

1 漢字の組み立て（1）

1の問題では、それぞれの漢字を「左右」や「上下」にあてはめてみて、漢字を見つけてみましょう。2と3の問題では、漢字を形で種類《しゅるい》分けするときのもととなる「部首」が、漢字のどの部分に位置《いち》するか、何という名前かを覚《おぼ》えましょう。

国語 1 漢字の組み立て（1）　月　日

組み合わせてできる漢字や、漢字を分類《ぶんるい》するために使われる部首について学ぼう！

とく点　　点

シール

1 二つの漢字を組み合わせて、できた漢字を□に書きましょう。（1つ3点→30点）

（例《れい》）木 ＋ 安 → 案

① 力 ＋ 重 → 動

② 田 ＋ 火 → 畑

③ 心 ＋ 音 → 意

④ 相 ＋ 心 → 想

⑤ 寺 ＋ 言 → 詩

⑥ 王 ＋ 求 → 球

⑦ 直 ＋ 木 → 植

⑧ 糸 ＋ 売 → 続

⑨ 京 ＋ 日 → 景

⑩ 心 ＋ 今 → 念

2 ①～④の部分を、それぞれ何といいますか。□の中から選《えら》んで、（　）に記号を書きましょう。（1つ10点→40点）

① 左右二つの部分に分かれる漢字の左側《ひだりがわ》。（ウ）

② 左右二つの部分に分かれる漢字の右側《みぎがわ》。（エ）

③ 上下二つの部分に分かれる漢字の上側《うえがわ》。（イ）

④ 上下二つの部分に分かれる漢字の下側《したがわ》。（ア）

㋐あし　㋑かんむり　㋒へん　㋓つくり

3 ①～③の部分を、それぞれ何といいますか。□の中から選《えら》んで、（　）に記号を書きましょう。（1つ10点→30点）

① 漢字の上部から左下につく部分。（ウ）

② 漢字の左側《ひだりがわ》から下部につく部分。（ア）

③ 漢字の外側《そとがわ》をかこむ部分。（イ）

㋐にょう　㋑かまえ　㋒たれ

漢字は大きく分けると7種類《しゅるい》の部首があるんだね！

46 国語4年　　国語4年 47